호모사이언스

과학 하는 여자들 2

호모사이언스

문성실
서은숙
김희용
나명희
박지선

한국여성과총 기획

들어가는 글

✦

여성 과학기술인의 꿈과
성숙한 사회를 위한 여정

인류의 새로운 미래를 열어 나갈 두 가지 키워드로 '과학기술'과 '여성'이 보도 매체에 자주 등장합니다. 실제로 여학생의 자연계열 진학과 사회 진출이 최근에 많이 늘었다고 하지만, 공학 분야로의 진출은 아직도 미미합니다. 또한 우수한 여성 과학기술인이 다양한 분야에서 다수 활약하고 있음에도 불구하고 잘 알려지지 않은 실정입니다.

청소년이 꿈을 구체화하고 발전시키는 데에는 적절한 롤모델이 중요하다는 생각으로 한국여성과학기술단체총연합회(이하 여성과총)는 청소년에게 동시대에 활약하고 있는 여성 과학자의 이야기를 들려주어 이공계 진출을 위한 다양한 롤모델을 제시하고 이들의 열정과 꿈을 격려하고자 노력하고 있습니다.

이를 위해서 먼저 여성과총에서는 2016년부터 《거침없이 도전한 여성 과학자》 시리즈(총 10권: 로봇의 세계, 유전자 사냥꾼, 기후를 예측하다, 목성 너머, 우주에서 온 암석, 마운틴고릴라, 뼈 탐정, 자연의 기계, 세상을 바꾸는 힘, 사람을 연구하는 사람), 《내가 만난 여성 과학자들》, 그리고 《세상을 연결한 여성들》을 번역·출간하여 다양한 이공계 전공 분야를 소개했습니다. 이로써 인류의 복지와 건강 향상에 쏟은 여성 과학기술인의 열정과 노력을 널리 알려 청소년들의 롤모델이 되기를 바랐습니다.

한편으로 한국의 여성 과학기술인 롤모델을 제시하기 위해 2016년 《과학 하는 여자들》을 시작으로 2017년 《공학 하는 여자들》, 2018년 《벤처 하는 여자들》을 잇달아 출간해 국내 다양한 분야에서 탁월한 성과를 낸 여성 과학자 리더들을 소개해왔습니다.

이번에는 영역을 확장해 세계를 무대로 활약하고 있는 재외 여성 과학기술인을 소개합니다. 글로벌 시대의 비전을 제시하고자 미생물학, 천체물리학, 의생명과학, 반도체공학, 우주과학 분야에서 탁월한 성과를 내고 계신 다섯 분의 이야기를 전합니다. 영유아에게 치명적인 설사를 일으키는 로타바이러스의 차세대 백신을 개발하고 계신 미생물학자 문성실 박사님, 우주의 신비를 풀기 위해 우주선의 입자 성분을 분석하고 검출기를 개발하신 메릴랜드대학교의 서은숙 교수님, 미국 국립보건원에서 오메가-3 지방산이 뇌신경세포의 생존을 유지하는 기전을 규명하고 뇌 손상 치료제를 개발하고 계신 김희용 박사님, 더 빠르고 더 작은 메모리 반도체 기술을 개발하고 계신 나명희 SK하이닉스 부사장님, 지구에 대해 더 알기 위해 화성에서 온 운석을 분석하시는 킹스버로우 커뮤니티 칼리지의 박지선 교수님.

다섯 분 모두 과학에 대한 호기심과 무한한 상상력, 그리고 강한 집념을 엿볼 수 있어 인상적입니다. 이들의 꿈을 향한 여정과 새로운 환경에서의 정착, 그리고 연구에 대한 이야기를 통해 부디 이공계 진학을 희망하는 청소년과 해외 진출을 꿈꾸는 이공계 여성들에게 꿈과 희망, 그리고 격려가 되길 바랍니다. 각자의 연구로 인해 원고 집필 시간을 내기가 어려운 상황 속에서도 후배들을 위하는 마음으로 기쁘게, 그리고 적극적으로 집필에 참여해주셨으며, 후배들에게 도움을 전하고자 조언을 아낌없이 담아주셨습니다. 진심으로 감사드립니다.

끝으로 여성과총은 앞으로도 설립취지를 살려 여성 과학기술인의 발전을 북돋는 한편, 양성 평등과 고용 평등이 실현되는 성숙한 사회구현에 힘을 보태겠습니다.

한국여성과학기술단체총연합회 회장
정희선

차례

✦ 3 ✦

의생명과학자 김희용

자연의 신비에 도전하며 느끼는 전율, 과학자의 힘

✦ 4 ✦

반도체공학자 나명희

다양한 아이디어와 가치가 합쳐져 이루는 세상

+ 5 +

우주과학자 박지선

천억 개의 은하와 천억 개의 별들, 그리고 지구

미생물학자 문성실

+ + +

나의 꿈은 '공부해서 남 주는 인생'

◆ ◆ ◆

내 꿈은 로타바이러스의 차세대 백신을 만드는 것이다.
나는 저소득 국가의 영유아를 상대로 가격이 저렴하고 효과가 좋은
백신을 만들고자 꽤 오랜 시간 달려왔다.
지금은 주삿바늘 대신 마이크로니들을 이용해
반창고처럼 붙이는 백신을 연구하고 있다.
이 백신이 완성되어 유통되면 저소득 국가의 영유아들은
백신을 신속하게 접종받을 수 있다.
그런 모습을 하루라도 빨리 보는 것이 내가 지금 가장 바라는 일이다.
그리고 여성 과학도들을 위한 활동을 계속 이어갈 생각이다.
현재 영국, 호주, 오스트리아에 있는 여성 과학자들과
'과학 하는 여자들의 글로벌 이야기'라는 칼럼을 쓰고 있는데,
이러한 활동을 통해 성별과 인종을 뛰어넘는 다양성에 관해
이야기를 하고 싶다.

내가 소망했던 길, 내가 걸어온 길

✦

군목이었던 아버지의 직장은 자주 바뀌었다. 덕분에 이사를 자주 다닐 수밖에 없었고, 난 이사 갈 곳이 정해지면 백과사전을 펼쳐 그곳에 대해 정리를 하곤 했다. 그 지역의 정보를 노트에 빼곡하게 적어서는 부모님에게 우리가 앞으로 살 지역의 역사, 그곳에 가면 갈 만한 곳 등에 대해 말하는 것을 좋아했다. 지금은 스마트폰으로 모든 것을 바로 검색할 수 있지만, 그땐 세상에 대한 정보는 오로지 백과사전에만 있었다.

내가 어릴 적 백과사전을 즐겨 읽었던 건 역사와 지리를 좋아했기 때문이다. 그리고 나는 길을 잘 찾는 아이였는데, 지금 생각하면 내가 유심히 관찰하는 것을 좋아했기 때문인 것 같다. 이러한 관찰력은 종종 과학 시간이나 미술 시간에 발휘되곤 했다. 그러다 한 날은 스티븐 스필버그의 영화 〈인디아나

미생물학자 문성실

존스)를 보면서 고고학자를 동경하기도 했다. 길을 잘 찾는 데다 역사를 좋아하니 고고학자가 되는 것도 적성에 잘 맞겠다는 생각을 했던 것도 같다.

하지만 어릴 때 내가 진짜 되고 싶었던 것은 소아치과 의사였다. 그런 직업이 있다는 것도 학교 도서관에서 백과사전을 읽다 알게 되었다. 치과 치료는 어른들도 무서워하고 꺼리는 일이니 아이들은 더 할 것이다. 백과사전에서 본 소아치과 의사는 아이들의 눈높이에 맞춘 적절한 치료로 무서운 치과에 대한 편견을 깨는 직업이었다. 이 부분이 내겐 꽤 매력적으로 느껴졌고, 치대에 진학해 소아치과 의사가 되겠다는 꿈을 꾸었다. 그런데 치대는 어지간한 성적으론 갈 수 없었다. 모든 과목의 성적을 1등급으로 끌어올려야 하는데, 그러려면 독하게 마음먹고 밤낮으로 공부에만 집중해야 했다.

그 시절 내 관심사는 공부에만 있지 않았다. 나는 노래 부르기를 좋아해 합창부 중창단에서 활동했다. 운동장 조회 때 애국가 중창을 지휘했는가 하면, 이 학교 저 학교 축제를 순회하며 다니기도 했다. 또 지역 교회 '문학의 밤'에서 활동하거나 음악회를 기획해 열기도 했다. 음악 선생님이 성악을 해보는 게 어떻겠느냐고 권유할 정도로 노래에 대한 열정이 높았다. 부모님은 치대를 가겠다면서 공부는 안 하고 노래만 부르고 다니는 것을 걱정했다. 사실 중학교에 다닐 때만 해도 꽤 성적이 좋았기에 부모님은 내가 조금만 더 열심히 하면 치대에 충분히 갈 수 있을 것이라 여기신 것 같다.

하지만 나는 고등학교 진학 후엔 중간 정도의 성적을 받았고, 크게 눈에 띌 것도 없는 평범한 아이였다. 내가 기억하는 고등학교 때의 내 모습은 그랬다. 그런데 최근 페이스북을 통해 만나게 된 고등학교 동창생은 나를 "공부 잘하고 노래 잘하던 성실이"로 기억하고 있었다. 사실은 그렇지 않았는데, 내가 하는 말이나 겉으로 보이는 모습을 통해 공부를 잘했던 아이로 기억하고 있는 것 같았다. 그리고 그렇게 기억하는 친구들이 제법 많다는 것도 알게 되었다. 아마도 그건 독서의 힘일 것이다.

우리 집에는 책이 많았다. 이사 다닐 때마다 매번 이삿짐센터 직원이 책장에 가득 찬 책들을 보고 이사비용을 추가로 달라고 했던 게 기억난다. 나는 언제부터인가 아버지의 서재에 꽂혀 있는 책들에 관심을 갖게 되었고, 틈만 나면 한 권씩 꺼내 읽는 재미를 즐겼다. 한번 읽기 시작한 책은 웬만해선 손에서 놓지 않았는데, 그 책이 소설인 경우엔 다음 이야기가 궁금한 나머지 그 자리에서 다 읽곤 했다. 독서를 통해 자연스럽게 습득한 지식이 친구들에게 공부를 잘하는 아이의 이미지를 주었던 것 같다.

어찌 되었든, 나는 내가 원했던 치대엔 가지 못했다. 당연히 치대에 갈 수 있는 수능 점수를 받지 못했기 때문이다. 당시 내 수능 점수에 맞춰 선택한 것이 자연과학부였다. 그렇다고 아주 엉뚱한 전공을 선택한 것은 아니었다. 과학자를 꿈꾼 적은 없었지만, 과학을 좋아했고 또 가장 자신 있게 공부한 과목 중 하나였다. 중학생 시절 '과학경시대회'에 나가보라는 선생님의 권유에 힘입어 혼자 실험실에서 책을 보면서 실험을 하기도 했다. 사실 과학경시대회에 나가게 된 건 내가 다른 아이들에 비해 과학적 재능이 특별해서는 아니었다. 당시 내가 다닌 중학교는 지방에 있는 학교로 딱 두 반밖에 없는 작은 학교였다. 전교생이 많지 않았고, 경쟁도 치열하지 않았다. 그 작은 학교 안에서 다른 아이들보다 조금 더 공부를 잘했기에 받았던 제안이었을 뿐이다.

치대는 내가 소망했던 곳이었고 자연과학부는 내가 갈 수 있는 곳이었다. 당시엔 소망했던 치대에 갈 성적을 받지 못해 괴로웠지만, 지금은 바이러스 백신을 개발하는 과학자로서 많은 순간 짜릿함을 느끼며 살고 있다. 사실 백신을 개발하는 과정은 상상할 수 없을 만큼 어렵고 힘들다. 짧게는 몇 달, 길게는 몇 년 동안 끊임없이 똑같은 실험을 반복해야 한다. 하지만 실험을 통해 백신을 개발하고, 그것이 또 세상에 쓰일 땐 세상 모든 것을 얻은 듯 기쁘다.

대학 입시를 준비하던 청소년기의 나는 지금의 내 모습을 상상도 못했었다. 인생은 가끔 내 바람이나 의도와 다르게 흘러가기도 한다. 그렇게 흘러간 길이 꼭 잘못된 것만은 아니다. 내가 그리지 않았던 길에도 새롭고 진기한 보물이 숨겨져 있기 때문이다. 그렇기에 어떤 길을 가느냐보다 더 중요한 건, 어떠한 길을 가든 밝은 눈으로 자신만의 행복을 찾아내는 것인지도 모르겠다.

미생물학 실험을 진짜 좋아한다는 자각

✦

　내가 중등학교에 다니던 시절엔 학생이 읽을 만한 과학책이 그리 많지 않았다. 그나마 행운이었던 건 그 시절엔 여러 분야의 전문 잡지들이 있었단 사실이다. 매달 나오는 과학 잡지가 있었는데, 주로 다루는 내용은 천문학과 우주물리학이었다. 지금 내 전공 분야가 된 미생물학 쪽은 정보가 거의 없다시피 했기에 본격적으로 공부하기 전까진 미생물학에 대해 아는 바가 많지 않았다.

　낯선 분야였지만 미생물학 전공에 들어오니 이론을 배우는 것도 실험실 작업도 다 즐겁기만 했다. 특히 실험실에 있을 때면 설렜다. 흰 가운을 입고 실험에 몰두하고 있노라면 어느새 진짜 과학자라도 된 양 묘한 자부심까지 느껴졌다. 공강 시간엔 도서관에 가 수업시간에 들은 것들을 정리했다. 이해되지

미생물학자 문성실

않는 부분은 조교한테 물어 해결하거나 교수님을 직접 찾아가 질문하기도 했다.

나보다 앞서 공부한 사람들에게 질문해 그 답을 듣는 과정을 꽤 즐겼던 것 같다. 또 거의 모든 과목의 교재가 영어로 된 원서이다 보니 뜻이 맞는 친구들과 함께 토론하고 의견을 나누는 시간을 가지기도 했는데, 그런 과정에서 공부의 즐거움을 더 키웠다. 그런 한편 부과대표나 부회장을 맡는 등 학과 활동에도 적극적으로 참여했다. 공부만 할 줄 아는 사람으로 손가락질 받는 게 싫어서이기도 했지만, 기본적으로 나는 굉장히 활동적인 편이라 공부뿐 아니라 다른 부분에서도 꽤 바쁘게 지냈다.

대학 3학년이 되었을 땐 두 가지 길 중 하나를 선택해야 했다. 대학원 진학인가, 취업인가. 당시 우리 학과 정원은 40명이었는데, 꽤 많은 수의 학생들이 대학원을 선택했다. 학부에서 공부하는 동안 이미 실험실에 들어가 있는 학생도 여럿이었다. 나 역시 취업보단 대학원을 선택하는 쪽으로 마음이 기울었다. 진짜 백신 연구를 하고 싶어서였다. 백신은 자연과 싸워 이겨내는 인류의 승리를 가장 잘 보여주는 성과물이다. 무엇보다 단지 가난한 나라에서 태어났다는 이유만으로 질병으로 고통 받으며 살아가는 사람들을 돕고 싶은 게 가장 큰 계기였다.

대학원에서의 공부는 좌절의 연속이었다. 학부에선 주어진 교과서와 정해진 범위만을 공부하면 되었지만, 대학원은 연구부터 실험까지 전부 스스로 해결해야 했다. 게다가 실험은 좋은 아이디어가 있다고 할 수 있는 것이 아니었다. 제대로 된 실험을 하기 위해 정말 중요한 건 연구비다. 당시 생명과학 실험에 사용되는 시약은 대부분 수입품이었기에 가격이 상당히 비쌌다. 한정된 연구비로 여러 학생이 실험을 해야 하는 상황이라 가장 경제적인 방법이 가장 효율적인 실험방법이었다. 조건을 바꿔가며 실험을 수십 번 해도 실패만 하다 보니 '과연 졸업할 수 있을까'라는 걱정에 시달리기도 했다.

그땐 나를 포함한 동기들 모두 아마도 과학적 진실에 접근하기보다 학위를 받기 위한 목적으로 실험에 임했을 것이다. 하지만 그게 전부는 아니었다. 많이 막막했고 한정된 연구비로 실험을 하며 발을 동동 굴렀지만, 근본적으론 무수히 반복되는 실험을 통해 무언가를 밝혀내는 게 좋았다. 중간에 포기하지 않고 끝까지 대학원 과정을 마칠 수 있었던 가장 큰 이유는 바로 어느 순간 내가 이 학문을 정말 좋아하게 되었기 때문일 것이다.

미생물학 연구가 중요한 이유

✦

　미생물은 크게 원핵미생물(세균, 고세균), 진핵미생물(곰팡이, 조류), 비세포성 미생물(바이러스)로 나뉜다. 지구에 사는 모든 인간과 동식물의 개체수를 다 합쳐도 미생물의 숫자를 뛰어넘을 수는 없다. 미생물 대부분은 사람의 눈으로 식별하기 힘든 매우 작은 생명체다. 이들 중엔 지구의 다른 생명체에게 질병을 일으키는 것들도 있지만 다른 생명체와 공존하기 위해 꼭 필요한 것들도 있다.

　어떤 미생물들은 인류의 삶에 이익을 주기도 한다. 가까운 예로 요거트에 들어 있는 유산균이 그렇다. 또 김치와 된장, 술과 빵도 미생물의 대사과정인 발효를 통해 만들어진다. 광범위하게 항생제로 쓰이는 페니실린은 곰팡이가 만들어내는 산물이고, 에탄올이나 플라스틱 원료 등의 화학물질은 미생물 발효로 인해 생산된다.

생태계의 항상성을 유지하는 것도 미생물의 역할이다. 이러한 미생물이 없다면 우리는 자연과 인간이 만들어내는 쓰레기 더미에 파묻혀 살고 있을 것이다. 박테리오파지bebacteriophage라는 바이러스는 세균에만 감염되는 바이러스로 피부 표면의 세균을 감염시켜 죽여서 세균으로부터 우리를 보호하는 역할을 하기도 한다.

그런데 우리는 지구에 있는 모든 종류의 미생물에 대해 잘 알고 있을까? 지금까지 과학자들이 그 존재를 밝혀낸 미생물보다 그렇지 못한 미생물의 종류가 더 많다. 최근 미생물학계에서 주목하는 분야 중 하나로 '마이크로바이옴microbiome'이 있다. '미생물microbe'과 '생태계biome'란 말의 합성어로 미생물이 이루는 생태계를 뜻한다. 사람마다 지문이 다르듯 개개인의 장에 서식하는 미생물들의 생태계 또한 다르다. 수억 개에 이르는 장내 미생물들은 우리 몸의 항상성과 면역체계를 조절하는데, 최근 장-뇌축 가설을 통해 파킨슨병, 우울증, 알츠하이머 등 신경계 질환과도 연관이 있다는 사실이 밝혀졌다.

또 바이러스 분야도 주목받고 있다. 더 정확하게는 바이러스 연구보다 바이러스를 방어할 수 있는 치료제 연구가 활발히 진행되고 있다. 이를 위해선 바이러스의 구조, 유전자의 변이와 진화 등에 관한 연구가 필연적으로 따를 수밖에 없는데, 이러한 연구 없인 백신이나 치료제 개발이 불가능하기 때문이다. 바이러스 연구는 바이러스의 작은 단백질의 기작생물의 생리적인 작용을 일으키는 기본 원리부터 바이러스 생활사와 숙주의 면역과의 관계, 유전자 변이까지 다양하게 진행되고 있지만 아직 미궁에 빠져 있는 것들이 더 많다.

생명과학 혹은 의생명과학이라고 하면 흔히 인간의 질병과 관련된 연구부터 떠올린다. 실제로 국가나 기업에서 많은 연구비를 지원하는 것도 암이나 노화 등의 만성질환과 관련된 것들이다. 또 이를 연구하는 과학자들도 많다. 한편으로, 탈모나 다이어트 등 인류의 삶에 필수적이지는 않지만 이를 필요로 하는 고소득층을 위한 개발에도 많은 자본이 유입되고 있다. 수년 전 마이크로소프트 설립자인 빌 게이츠는 "말라리아로 죽는 사람들이 많은데도 탈모 연구에 더 많은 돈을 쓰고 있다"고 우려한 바 있는데, 이는 자본주의 체제가 가지는 결함을 꼬집은 것이다. 그리고 그의 우려대로 '코로나19'가 전 세계를 강타해 수많은 사람들의 목숨을 빼앗고 사회를 마비시키는 지경에까지 왔지만, 인류는 과학과 의료의 혁신적인 발전을 이루었음에도 그 어떤 대비책도 마련하지 못했다.

미생물 연구는 모든 지구인이 건강하고 안전하게 살 수 있도록 만드는 열쇠 중 하나다. 그렇기에 우리는 미생물 연구에 더 많은 관심을 기울이고, 더 많은 투자를 해야 한다. 이는 우리뿐 아니라 다음 세대를 위한 일이기도 하다.

로타바이러스 개발의 길에 들어서다

✦

    석사과정에서 연구하기 시작한 로타바이러스는 박사과정까지 이어졌다. 로타바이러스는 다섯 살 이하의 영유아에게서 설사를 일으키는 바이러스다. 설사라고 하면 별것 아닌 것처럼 느껴질 수도 있을 것이다. 하지만 자신의 몸 상태를 표현할 수 없는 영유아들에게 로타바이러스는 탈수를 통해 사망에 이르게 하는 무서운 질환이다. 그렇다고 백신이 아예 없는 것은 아니다. 현재 생백신이 개발되어 있다. 생백신은 인체의 면역반응을 유도하기 위해 약독화시킨 소량의 바이러스를 접종하는 백신의 일종이다. 이 백신은 많은 국가에서 로타바이러스로 인한 사망자를 줄이는 데 도움을 주었다. 하지만 아직도 연간 20만 명의 아이들이 로타바이러스로 죽어가고 있다.

    석사과정에서 나는 한국에서 얼마나 다양한 유전자형의

로타바이러스가 유행하고 있는지 수년에 걸쳐 추적했다. 유전자형이 중요한 이유는 매년 혹은 계절에 따라 유행하는 유전자형이 독감처럼 다르기 때문이다. 또 한국에선 로타바이러스의 기초적인 연구가 활발하지 않던 때라 꼭 필요한 연구이기도 했다. 이러한 유전자형은 원래는 중합효소 연쇄반응PCR을 여러 번 시행하고, 아가로스 젤에 증폭된 유전자의 크기를 확인하는 과정으로 이루어진다.

나는 이를 대체할 방법으로 당시 막 상용화되기 시작한 PCR을 통해 여러 개의 유전자형을 확인하고 정량하는 방법을 개발해냈다. 사람에게 감염되는 로타바이러스는 동물 모델이 없어서 태어난 지 5일 된 레트로 동물 모델도 만들었다. 또한 로타바이러스가 세포에 감염될 때 나타나는 선천적 면역반응에 관한 연구도 진행했다. 바이러스가 세포에 감염되면 세포 내에서는 화학물질을 분비하기 위한 면역기작들이 일어나는데, 감염으로 인한 세포 내의 톨-유사수용체Toll-like receptor의 발현을 관찰해 선천적 면역기작이 어떻게 시작되는지에 대한 연구도 수행했다.

사실 처음부터 석사과정에서 로타바이러스를 연구할 계획은 아니었다. 우리 연구실에서 주로 연구하는 바이러스는 한타바이러스였다. 한타바이러스는 한국전쟁 당시 많은 이들을 사망하게 한 유행성출혈열의 원인 바이러스로, 한탄강 유역에서 채집한 등줄쥐에서 세계 최초로 분리된 바이러스라서 한타바이러스라는 이름이 붙여졌다. 내가 로타바이러스로 방향을 돌린 건 우연히 제약회사에서 의뢰한 용역 연구 때문이었다.

로타바이러스는 지구 어딘가에서 죽어가는 이들을 위한 백신을 만들겠다는 나의 다짐과도 딱 들어맞는 바이러스였다. 당시엔 로타바이러스 백신이 상용화되지도 않았기에 내가 한 번 해보고 싶다는 마음도 들었다. 그래서 석사과정의 논문 주제로 선정했던 것인데, 지금까지도 나는 로타바이러스에 관한 연구를 진행하고 있다. 그렇게 석·박사 때 연구했던 로타바이러스의 백신을 만들고자 했던 꿈에 성큼성큼 다가서는 중이다.

학부 공부를 끝낼 즈음엔 대학원 진학을 고민했고, 대학원에서 석사와 박사학위를 받은 후에는 그다음의 인생 여정을 준비해야 했다. 박사학위는 특정 분야에 대한 지식이 조금 더 깊어졌음을 의미할 뿐이다. 바이오 분야에서는 궁극적인 직업을 갖기 위해서는 포닥과정이 필수다. 포닥Post Doctor은 '박사후 연구원'을 일컫는 말이다. 그래서 박사과정 마지막 학기 여름부터 매일 아침 미국바이러스학회 홈페이지의 구인란에서 내가 갈 수 있는 포닥을 찾기 시작했다. 포닥을 구하는 과정에서 내가 주의를 기울였던 부분은 '바이러스 백신을 연구하는 곳', '내가 한 번이라도 실험해본 바이러스를 연구하는 곳'인지 여부였다.

하지만 석·박사 과정을 통해 내가 연구한 분야와 앞으로 내가 하고 싶은 분야가 딱 맞아떨어지는 곳을 찾기는 쉽지 않았다. 그러던 어느 날, 내가 원하는 조건을 갖춘 곳이 나타났다. 졸업 요건으로 《SCI저널》에 논문을 한 편 이상 게재해야 했지만, 당시 나는 졸업이 확정된 상황이 아니었다. 그런데도 내가 연구하고 싶은 주제를 설명하는 이메일에 이력서를 첨부해 보냈지만 서너 달이 지나도록 연락이 없었다.

'아, 난 자격이 안 되는 건가?' 희망의 끈을 놓으려는 순간, 이메일을 받았다. 내가 가진 아이디어에 관심이 있으니 전화 인터뷰를 하자는 내용이었다. 이 과정에서 나는 기회는 준비된 사람에게 더 크게 다가온다는 것을 배웠다. 나는 미리 내가 갈 자리를 정해놓고 거기에 필요한 서류와 연구계획서를 준비해 두었다. 그리고 유창하지는 않지만 겁 없이 입을 뗄 수 있을 만큼의 영어 실력을 위해 꾸준히 닦아놓았다. 전화 인터뷰와 대면 인터뷰를 진행하고서도 수개월이 지나서야 미국질병통제예방센터Centers for Disease Control and Prevention의 방문연구원으로 고용하겠다는 제안 답신을 받았다.

사백신 연구의 사막 그리고 오아시스

✦

어렵게 온 미국이었건만 처음 10개월은 말도 통하지 않는 상태에서 매일 똑같은 일만 반복해야 했다. 그즈음 내게 위기가 닥쳤다. 마침 내가 받아온 J1 비자(문화교류 비자)를 연장하거나 포닥 계약을 갱신해야 하는 시기인 데다 가족을 떠나 먼 미국까지 와서 나는 뭘 하고 살았나 싶은 자괴감에 하루하루가 불안하기만 했다. 포닥을 그만두고 의전원(의학전문대학원)에 도전해볼까 하는 생각도 잠시 했다. 그러다 위기를 극복할 다른 통로를 찾았다. 이를테면 매일 똑같은 실험을 하는 것 외에 작은 프로젝트를 진행해 단기간에 성취감을 느낄 수 있는 연구를 병행하는 식이었다.

멀리 잡은 목표로 성취감을 느끼지 못한 채 하루하루를 보내다 보면 지금 내가 잘하고 있는지 의문이 들게 되고, 그로 인해 불안감에 시달릴 수밖에 없다. 어떤 부분에서는 단기적 목표를 잡고, 그 목표를 이룰 때마다 성취감을 경험하는 일도 필요하다. 이는 비단 실험과 연구에 해당하는 일만은 아니다. 공부하는 학생이라면 장기적 목표를 잡되 짧은 시간에 성취감을 맛볼 수 있는 단기적 목표를 잡는 것도 좋을 것이다.

그렇게 시행착오를 겪고, 또 나름의 극복방법을 찾아내는 미국 생활이 1년 반 정도 지나고 있었다. 현재 일하고 있는 미국질병통제예방센터의 정규직 제안을 받고서야 안정을 찾을 수 있었다.

박사후과정은 연구직이다. 포닥과정에서도 나는 석·박사 과정 때 했던 로타바이러스 백신을 연구했다. 저소득 국가는 다른 국가보다 로타바이러스 감염률이 높은 반면 약독화 백신의 효능은 약 60~70%에 불과하다. 약독화 백신은 활성 바이러스의 독성을 약하게 만드는 백신이다. 체내에 실제 바이러스를 넣어 인체의 면역반응을 미리 훈련시키는 역할을 한다.

그런데 약독화 백신을 사용해도 저소득 국가의 영아들의 장에서는 감염이 잘 일어나지 않아 백신의 효과가 낮은 것이 문제였다. 나는 그 이유를 찾아나섰다. 무엇인가가 약독화 백신 바이러스가 감염되는 경로나 기작을 저해하고 있기 때문이라고 생각했고, 그 원인을 모유에서 찾았다.

모유는 일반적으로 영양소 외에도 면역성분이 많은 것으로 알려져 있다. 바로 이 모유에 바이러스에 대한 항체가 있을 것이고, 그래서 약독화 백신의 효과를 저해시킬 수도 있다는 가설을 세웠다. 이를 확인하기 위해 여러 나라의 모유를 수집해 정말로 모유에 있는 항체가 생백신의 효능을 떨어뜨리는지를 연구했다. 당시 이 연구는 실험실 수준의 연구였지만, 운이 좋게도 임상시험까지로 이어졌다. 실험실에서는 뚜렷하게 모유의 항체가 생백신의 효과를 떨어뜨리는 것을 확인했지만, 실제 백신 접종 과정에서 모유가 주는 영향은 크지 않다는 결과를 얻었다.

그래서 또 다른 가설들을 세웠다. 엄마로부터 아이에게 전달되는 모체 면역과 약독화 백신 효과 사이의 관계라든가 로타바이러스가 아닌 다른 바이러스나 세균에 의해 생백신 효과가 저해되는 것은 아닌지에 대한 연구도 했다. 그 결과 내 생각과 이론이 실제 백신이 접종되는 환경에서 100% 정확하게 들어맞지는 않았지만, 충분히 여러 복합적인 요인들로 인해 약독화 생백신 효과가 저소득 국가에서 낮으며, 사백신이나 단백질 재조합 백신 같은 차세대 백신의 개발이 필요하다는 당위성을 끌어낼 수 있었다.

사백신은 백신 바이러스가 실제 감염되는 활성을 없앤 백신으로 주로 화학적·물리적으로 활성을 없앤 백신이다. 단백질 재조합 백신은 바이러스가 세포에 감염될 때 부착되는 특정 부분의 단백질만을 실험실에서 합성해 만드는 백신이다. 이 두 백신은 약독화 백신처럼 약하게라도 직접 감염시켜 면역을 유도하는 게 아니어서 생성되는 면역이 상대적으로 약하다. 하지만 약독화 백신의 단점을 보완할 만한 여러 기술을 포함해, 앞으로 차세대 로타바이러스 백신의 플랫폼이 변경될 것으로 보인다.

어느 날 내가 존경하는 이 분야 권위 있는 박사님이 "넌 이이론의 선구자야"라는 말을 했다. 꽤 오랜 시간, 집요하게 로타바이러스 백신 연구를 하는 동안 혼자 사막을 떠도는 느낌이 들곤 했는데, 박사님의 이 말은 마치 오아시스처럼 위로가 되었다. 지금도 동종 업계의 연구자들이 내 첫 논문에 관해 이야기하는 것을 들을 때면 짜릿하다.

사실 바이러스와 백신 연구는 연구비를 받기 쉽지 않은 분야다. 내가 대학원에 다닐 때는 각 의과대학에 암연구소가 생기고 암과 같은 만성질환에 많은 연구비가 투자되었다. 물론 만성질환 치료약 개발도 중요하다. 하지만 바이러스로 인한 전염병은 나만이 아닌 전 세계에 영향을 미치는 것이다. 이러한 측면에서 코로나19 팬데믹은 바이러스와 백신 연구에도 충분한 지원이 필요하다는 사실을 깨닫게 해준 계기가 되었다.

코로나바이러스가 감기처럼 되기까지

✦

2020년 겨울이 끝나갈 무렵, 인류는 코로나19라는 바이러스로부터 도전을 받았다. 이전에도 사람들은 각종 바이러스에 시달려왔다. 하지만 이처럼 전 세계에 동시다발적으로 많은 수의 사람을 감염시킨 바이러스는 없었다. 이럴 수 있었던 이유는 코로나19의 전염성이 그만큼 강력하기도 했겠지만, 세계화로 인한 사람 간의 교류가 그 어느 때보다 활발했기 때문일 것이다. 그래서 많은 국가가 문을 꽁꽁 닫는 것으로 바이러스의 확산을 막으려 애를 썼지만, 이미 퍼질 대로 퍼진 바이러스를 막아내진 못했다. 그 결과는 끔찍했다. 사람들은 백신 하나 없이 속수무책으로 많은 이들이 목숨을 잃는 것을 그저 지켜볼 수밖에 없었다.

바이러스를 연구하는 사람으로서 이러한 현실은 매우 안

타까웠다. 사실 코로나19는 어느 날 갑자기 등장한 바이러스는 아니다. 코로나바이러스는 우리가 일상적으로 걸리던 감기 바이러스 가운데 하나이기도 했고, 사스나 메르스를 통해 코로나바이러스 변이에 대한 위협도 이미 경험했다.

이 때문에 많은 바이러스 학자가 동물에서 사람으로 감염되는 바이러스의 '종간 이동'에 대해 계속 경고해왔다. 몇 가지 예상되는 바이러스 종류들도 있었고, 이에 대한 대비와 신속한 백신 개발 지원에 대한 국제기구도 갖추고 있었다. 코로나바이러스도 언젠가 대유행이 될 수 있는 바이러스 리스트에 이미 들어가 있었다. 다만 그때가 언제인지를 몰랐을 뿐이다. 그런데 코로나19는 생각지도 못한 시기에 나타나 삽시간에 지구 전체로 퍼져버렸고, 바이러스 학자들은 그 위력 앞에 당황할 수밖에 없었다.

사람들은 백신 개발을 통해 전 세계가 코로나19 팬데믹을 벗어날 것을 기대하고 있다. 하지만 결국 코로나19는 독감처럼 우리가 일상적으로 맞닥뜨리는 질병 중 하나가 될 가능성이 크다. 다만 위험하지 않게 함께 가기 위해선 백신 접종이 필수다. 많은 사람이 짧은 시간에 개발된 백신에 의문을 품고 있다는 것을 안다. 충분히 이해할 만한 일이다. 보통 백신 개발엔 10년 정도의 시간이 필요하다. 그런데 코로나19 백신은 11개월 만에 이루어졌으니 나 같은 백신 연구자도 처음엔 반신반의했다. 하지만 백신이 신속하게 개발될 수 있었던 것엔 마땅한 이유가 있다. 이전과 달리 백신 개발 기술이 더 발전했고, 개발부터 생산까지 공정이 더 빨라졌으며, 이를 통해 구축된 플랫폼이 있었기에 가능한 일이었다.

또 기존에 백신 개발에 시간이 걸렸던 건 단지 기술의 문제 때문은 아니었다. 백신에 대한 규제가 까다로웠기에 상용화되기까지 시간이 걸릴 수밖에 없었다. 그리고 무엇보다 경제적 문제가 컸다. 임상시험은 연구비가 굉장히 많이 들어가는 절차다. 실험실에서 개발한 백신을 임상시험으로 끌고 가기 위해서는 백신을 대량으로 생산할 수 있는 시설이 있어야 하고, 임상시험의 복잡한 절차를 수행할 수 있는 전문가도 필요하며, 임상시험을 위한 의료 인력과 대상자 모집 같은 일들이 필요하다. 이런 일들이 사실 쉬이 이루어지지는 않는다. 코로나19의 경우는 실험실에서 대량 생산으로 가는 과정과 임상시험에 들어가는 각 과정마다 각 국가의 어마어마한 연구비 지원이 있었기에 가능했다.

백신의 안전성을 평가하는 기준은 굉장히 까다롭다. 그러한 과정을 통해서 긴급 승인이 되었으며, 단시간에 대규모 접종이 이루어지면서 나타나는 부작용에 대해 보건당국은 지속적인 모니터링과 위험요소 업데이트를 하고 있다. 어떤 이들은 비타민이나 건강 보조제 등으로 코로나바이러스를 예방할 수 있다고 믿고 있는데, 절대 그렇지 않다. 비타민 같은 건강 보조제는 사실 까다로운 임상시험과 안전성 검사를 거치지 않았음에도 믿고 복용하는데, 백신에 대해서만큼은 불신을 갖는 게 좀 아이러니하기도 하다.

백신은 단순히 실험실 과학으로만 이루어지는 것은 아니다. 백신의 완성은 많은 사람이 백신 접종을 통해 집단면역을 형성하고 바이러스가 사람과 사람 사이를 넘나들며 만들어내는 변이 속도를 뛰어넘는 과정을 아우른다. 그래서 백신 접종이 꼭 필요한 것이다.

'여자는 과학에 약하다'라는 편견의 진실

✦

세상엔 많은 편견이 있다. 편견은 대체로 우리가 세상을 정확하게 보고 이해하고 판단하는 데 큰 걸림돌이 되지만, 한번 굳어진 편견은 쉽게 사라지지 않는다. '여성은 남성보다 과학에 약하다'는 편견도 마찬가지다. 진실 여부와 상관없이 이러한 편견은 세상에 분명히 존재한다. 그런데 '약하다'는 것엔 '과학이나 수학 같은 학문에 약하다'란 의미만 있는 것이 아니다. '지속해서 과학을 할 수 있는가?' 하는 의문도 포함되어 있다. 여성은 결혼, 출산, 육아 등으로 인해 남성 과학자들과 출발점은 같아도 그 앞에 놓인 장애물이 더 많다는 것을 의미한다.

나는 미국에 있는 동안 많은 여성 과학자들이 출산과 육아를 이유로 오랫동안 공부해온 과학을 포기하는 것을 지켜보기도 했다. 여성의 가임기는 박사학위 말이나 경력 초기와 맞물리는 경우가 많은데, 이 시기는 과학자로서의 경력에서 가장 중요한 시기이기도 하다. 하지만 여성의 신체는 그 시기를 기다려주지 않는다. 미리 계획을 세우는 일도 필요하지만, 사실 계획대로 되지 않는 게 임신이다. 출산 후 가장 힘든 시기는 아이가 태어난 후 3~4년 정도다. 아이가 어느 정도 자라 보육시설에 맡길 수 있는 나이가 되면 상황이 좀 나아진다. 그래서 나는 곧잘 동료 과학자들에게 '함께 버티자'는 이야기를 하곤 했다.

육아는 여성 혼자 감당해야 하는 일이 아니다. 출산은 여성의 몫이지만 육아는 가족의 일이다. 홀로 감당하려 애를 쓰기보단 배우자와 함께 공동으로 육아에 대한 계획을 세우고 실천하는 것이 좋다. 또 출산과 육아로 인해 상대적으로 낮아지는 연구실적과 연구비에 대한 정책적인 보조도 필요한데, 이를 위해선 자신이 속한 기관의 제도를 적극적으로 활용하는 것도 한 방법일 것이다. 하지만 이런 방법조차 쓸 수 없는 환경이라든가 연구 업무에 대한 압박 등은 결국 여성 과학자를 중도 포기하도록 만든다.

사실 여성이 지속해서 일할 분위기를 만들지 못하는 책임은 남녀차별적인 사회적 제도와 여성에 대한 공동체의 배려 부족과 깊은 관련이 있다. 이는 과학계뿐 아니라 다른 분야에서도 마찬가지일 것이다. 그런데도 모든 책임은 마치 여성에게 있는 것처럼 전가되고, 여성이 무언가를 할 땐 편견어린 시선으로 지켜본다.

나 역시 이러한 시선에서 자유롭진 않았다. 공부를 잘한 남학생에겐 엄지를 치켜세웠던 사람들이 열심히 공부하는 내겐 '독한 년'이라는 뉘앙스의 말을 하곤 했다. 나는 그럴수록 공부뿐 아니라 다른 활동도 열심히 했는데, 어쩌면 그 이면에는 남학생들처럼 되고 싶고 인정받고 싶은 마음이 있었던 것은 아닐까 한다. 한 마디로 더 강해 보이고 싶었다. 지금 와서 생각해보면, 여성 과학도의 삶을 주변인들이 오롯이 인정하고 존중하는 환경이 필요했던 것인데, 당시의 나는 그저 악착같이 노력하는 것으로 싸워서 이겨나가려고 했다.

사실 생명과학 분야는 다른 과학 분야보다 여성이 많은 환경이다. 그래서 다른 과학 분야보다 성차별의 체감 온도는 그리 높은 편은 아니다. 그런데 대학이든 기업이든 연구소든 리더의 자리에 앉아 있는 사람들은 대부분 남성이다. 직접적인 성차별까진 없다 해도, 평가를 받는 입장에선 나와 남성 리더 사이에 항상 뿌옇게 흐린 유리가 끼어 있는 느낌이었다. 아무리 닦아도 깨끗하게 닦여지지 않는 유리처럼 내가 아무리 노력해도 공정한 평가를 받기는 어려웠다.

그런데 여성 차별적인 사회적 분위기를 걷어내고 오로지 과학이라는 학문만 봤을 때, 여성이 정말 과학에 약한 것일까? 이 질문에 대한 답은 '그렇지 않다'는 것이다. 과학에서 성별은 중요하지 않다. 여자건 남자건 과학을 대하는 마음, 과학에 대한 자세 등의 차이가 있을 뿐이다. 그러니까 과학은 남녀 할 것 없이 누구나 열정을 가지고 있다면 할 수 있다. 다만 과학을 하려는 이들이 성차별로 기울어지지 않은 운동장에서 앞으로 걸어 나갈 수 있는 환경은 애써서 만들어야 한다는 것이 내 생각이다. 그렇기에 지금 나를 비롯한 기성세대들은 남녀차별적인 환경을 걷어내고, 다음 세대들이 좀더 평평한 운동장에서 공정한 경쟁을 할 수 있도록 해줄 책무가 있다.

나의 꿈은 '공부해서 남 주는 인생'

✦

어린 시절엔 '앞으로 뭐가 되고 싶니?', '네 꿈은 뭐니?' 같은 어른들의 질문을 많이 받았다. 물론 이런 질문을 하는 어른 중엔 정말 내 꿈이 궁금해서 묻는 사람도 있었겠지만, 대개는 아이와의 대화에서 딱히 할 말을 찾지 못해 대충 던진 질문일 경우가 많을 것이다. 그가 어떤 의도로 묻든 아이였던 나는 내가 어떤 사람이 되고 싶은지, 어른이 되어 무얼 하고 싶은지에 대해 성심성의껏 대답했었다.

그런데 어른이 된 이후엔 '네 꿈은 뭐니?' 같은 질문을 받은 일이 없다. 나뿐 아니라 거의 모든 어른이 웬만해선 이런 질문을 받지 않을 것이다. 꿈은 아직 미래가 결정되지 않은 아이들의 전유물처럼 여겨지기 때문이다. 하지만 '뭐가 되고 싶니?'는 어른에게 적당한 질문이 아닐 수 있지만, '네 꿈은 무엇이

미생물학자 문성실

니?'는 어른에게도 할 수 있는 질문이다. 어떤 일을 하든, 각자의 자리에서 자신만의 꿈을 꾸는 어른들은 많다.

내 꿈은 로타바이러스의 차세대 백신을 만드는 것이다. 나는 저소득 국가의 영유아를 상대로 가격이 저렴하고 효과가 좋은 백신을 만들고자 꽤 오랜 시간 달려왔다. 지금은 주삿바늘 대신 마이크로니들(Microneedle, 수백 마이크로미터 크기의 미세 바늘을 이용하여 피부를 통해 체내에 약물을 전달하는 시스템)을 이용해 반창고처럼 붙이는 백신을 연구하고 있다. 이 백신이 완성되어 유통되면 저소득 국가의 영유아들은 백신을 신속하게 접종받을 수 있다. 그런 모습을 하루라도 빨리 보는 것이 내가 지금 가장 바라는 일이다.

그리고 여성 과학도들을 위한 활동을 계속 이어갈 생각이다. 현재 영국, 호주, 오스트리아에 있는 여성 과학자들과 '과학 하는 여자들의 글로벌 이야기'라는 칼럼을 쓰고 있는데, 이러한 활동을 통해 성별과 인종을 뛰어넘는 다양성에 관해 이야기를 하고 싶다. 또 백신의 역사를 주제로 책을 내고 싶단 생각도 하고 있다. 좋은 논문을 쓰거나 백신을 만드는 것도 좋지만, 나는 과학을 통해 다른 사람에게 도움이 될 수 있기를 꿈꾼다. '공부해서 남 주는 인생'을 살고 싶은 것이다. 그리고 그 통로 중 하나가 글쓰기다. 실험이 좋고 과학이 좋아서 과학자가 되었지만, 사실 나는 큰 명예를 얻었거나 과학사에 기리 남길 만한 업적이 있는 것도 아니다. 아직도 걸어가야 할 길이 멀다.

사실 과학뿐 아니라 모든 학문은 공부하는 시간이 길어질

수록 더 깊게, 그리고 더 좁게 들어가게 되어 있다. 그러다 문득 돌아보면 학부에서 배웠던 것이 정말 거대한 학문이었음을 깨닫게 된다. 여전히 나는 모르는 것이 아는 것보다 훨씬 많다. 하지만 모르는 것이 많다는 것을 알기에 더 많은 것을 알려고 끊임없이 공부하고자 한다. 그리고 이러한 공부가 다른 사람들에게도 선한 영향력을 끼치기를 바랄 뿐이다.

미생물학자 문성실

인류의 미래와 밀접한 미생물학의 진로들

✦

    미생물 연구는 의학과 산업기술 쪽에서 필요로 한다. 인간의 질병과 관련되는 세균과 바이러스, 마이크로바이옴은 모두 인간의 건강과 직결되기 때문이다. 최근엔 바이러스 생태계를 알 수 있는 바이롬Virome에 대한 연구도 진행되고 있다. 2020년 세계를 강타한 코로나19로 인해 바이러스에 대한 사람들의 관심은 높아질 대로 높아져 있다.

    사실 이전에도 바이러스는 인간의 역사와 쭉 같이해왔다. 독감, 홍역, 간염, 중증 급성 호흡기 증후군 등도 바이러스에 감염되었기에 일어나는 증상이다. 하지만 동시에 수많은 사람이 치명상을 입은 것은 아니기에 일반인들은 별 관심을 가지지 않았다. 게다가 바이러스는 세균보다도 더 작은 크기이며 사람의 눈으론 볼 수도 없다. 일상에서 큰 위험이 되지 않으며 보이지 않으니 이제껏 큰 관심을 가지지 않은 것은 당연하다. 하지만 코로나19가 유행하게 되면서 사람들은 바이러스가 사람의 건강과 생명을 어떻게 해치는지 보았고, 그로 인해 일상이 어떻게 망가지는지도 보았다. 바이러스에 대한 관심은 더 높아졌고, 바이러스 관련 연구는 더 절실해졌다.

　인간에게 치명타를 입히는 바이러스에서 자유로워지는 길은 바이러스의 정체를 정확하게 알아내는 것이다. 그래야 더 효능이 좋은 백신이나 치료약을 만들 수 있다. 이를 위해 많은 연구자가 노력하고 있는데, 특히 최전방에 서 있는 이들이 미생물학자다. 미생물학자는 미생물의 생리유전학적 특징과 더불어 방대한 유전적 분석을 통해 미생물에 대항해 싸울 준비를 할 수 있기 때문이다.

　그렇다고 미생물학자가 백신이나 치료약을 개발하는 분야에서만 활동하는 것은 아니다. 미생물학은 우리가 생각하는 것보다 더 다양한 곳에서 필요로 하는 학문이다. 그런 만큼 미생물학 전공자들은 다양한 분야에서 자신의 진로를 찾아낼 수 있다. 대표적인 예로 식품과 농업 관련 분야가 있다. 식품의 많은 수가 미생물을 이용하거나 응용해 만들어지기에 식품산업에서도 미생물학은 중요한 역할을 맡고 있다.

　또 농업에선 미생물의 응용, 바이러스 병해에 강한 유전자 변형 농작물 개발 등에 관한 연구가 활발하게 진행되고 있는데, 이는 농업 생산성을 최대한 늘리기 위해 꼭 필요한 일이다. 이는 비단 우리나라만의 문제는 아니다. 기후 위기는 필연적으로 식량 위기를 발생시킨다. 코로나19가 전 세계를 강타했던 당시 나라 간 식량 교역이 잠시 멈춘 적이 있었다. 이는 식량 위기가 먼 미래의 문제가 아니라, 지금 당장 닥칠 수도 있는 문제라는 위기감을 느끼게 해주었다. 이는 곧 농업 생산성의 향상을 꾀하기 위한 노력으로 이어진다.

기후 위기는 지구 온난화가 빠른 속도로 진행되며 생기는 것인데, 지구 온난화의 주범 중 하나가 폐플라스틱이다. 플라스틱의 원료를 석유로 태우면 이산화탄소가 발생하는데, 바로 이 이산화탄소가 지구 온난화의 원인이다. 이 때문에 플라스틱 쓰레기는 땅에 묻어버리는데, 플라스틱이 완전히 분해되기까지는 적어도 100년이 필요하다. 그 과정에서 토양을 오염시키는 문제가 발생한다. 이를 해결하는 방법으로 미생물의 유전자를 변형시켜 플라스틱을 분해하는 역할을 할 수 있도록 하는 연구들도 현재 활발히 진행 중이다.

이처럼 미생물학은 약품, 식품, 농산물, 환경 등 다양한 분야에서 응용되고 있기에 미생물학 전공자가 선택할 수 있는 진로는 꽤 넓은 편이다. 하지만 기업에 들어가기보다 미생물학을 좀더 깊게 연구하고 싶다면, 직접 필드에 뛰어들어 미생물을 연구하는 미생물학자가 될 수도 있다. 이를테면 극지에 서식하는 미생물을 연구하거나 바다 깊은 곳의 심해 미생물을 연구하는 것이다. 또 우주의 미생물을 연구할 수도 있다.

보통 과학자라고 하면, 하얀 가운을 입은 사람이 실험실에서 실험하는 이미지부터 떠올릴 것이다. 생명과학 분야에서는 실험실에서 직접 실험하는 연구를 웨트 랩wet lab이라고 한다. 미생물학자의 웨트 랩은 세포나 미생물 배양, 세포 내 기작이나 단백질 연구, 유전자 증폭 혹은 동물시험도 이에 해당한다. 그런데 오늘날엔 모든 생물학자가 웨트 랩을 하지는 않는다. 유전자 분석 기술, 데이터베이스, AI의 발전으로 '드라이 랩dry lab' 분야의 연구도 활발하게 진행되었기 때문이다. 미국 국립보건원NIH의 키즈미키아 코벳 박사는 집에서 코로나바이러스 유전자 서열을 다운로드 받아 모니터로 보며 동료들과 화상으로 회의하면서 모더나의 mRNA 백신 디자인을 연구했는데, 이런 것이 바로 드라이 랩이다. 직접 실험하는 것을 좋아한다면 웨트 랩의 일을, 컴퓨터와 관련된 적성이 있다면 드라이 랩에서 할 수 있는 진로를 찾는 게 좋겠다.

생명과학 분야는 최근 들어 학문의 경계가 허물어지고 있다. 이를테면 미생물학자는 생물학자, 화학자, 생물정보학자, 바이오 엔지니어, 면역학자, 유전학자 등 다양한 분야의 전문가들과 공동연구를 진행하는 경우가 많다. 이는 연구에 사용되는 재료, 기계, 분석 방법 등에 따라 다른 분야의 전문적 지식이 유용하게 활용되기 때문이다.

미생물학자 문성실

생명과학 분야 과학자에게 필요한 덕목들

✦

　오늘날 미생물학자들은 바이러스에 대한 면역 메커니즘이나 새로운 바이러스를 찾던 좁은 시야에서 벗어나 바이러스-인간-환경의 생태계 전반을 넓은 시야로 보고자 노력한다. 이는 내가 소속된 기관인 미 연방정부 연구소에서도 마찬가지다. 가령 2014년 아프리카에 에볼라바이러스 유행이 시작되었을 때 주변의 많은 과학자들이 자발적으로 아프리카로 파견을 갔다. 나와 같은 미생물학자는 실험실을 구축하고 진단할 수 있는 인프라를 만들기 위해, 역학자들은 유행 지역에서 에볼라바이러스가 어떤 경로로 어떻게 얼마만큼 퍼져나가고 있는지를 분석하기 위해, 데이터 과학자들은 역학 데이터 분석을 통해서 바이러스가 전파되는 고리를 찾기 위해서였다.

　그런데 에볼라바이러스와의 싸움에서 이기기 위해서는

과학자들의 노력 외에도 전방위적인 지식과 정보가 필요하다. 이를테면 경제학자들은 아프리카의 에볼라바이러스가 미국의 공중보건과 경제에 미치는 영향을 분석했고, 커뮤니케이션 담당자들은 지역 주민에게 바이러스에 대한 올바른 정보를 전달할 수 있는 온-오프라인 커뮤니케이션 방법들을 개발했고, 정책 결정자들은 여러 분야에서 만들어낸 데이터를 통해 바이러스가 유행한 국가의 방역정책과 더불어 미국으로 바이러스가 전파될 가능성을 예상해 방역정책을 수립하는 식이다.

이처럼 어떠한 문제를 해결하기 위해서는 여러 분야의 전문가들과 협업이 중요하다. 이 때문에 자신만의 것을 고집하기보다는 발생한 문제에 대해 전방위적으로 통찰하고 판단할 수 있는 능력이 필요하다. 이러한 능력은 세상을 평면적으로 보기보다 입체적으로 보려는 노력을 통해 키울 수 있다. 그리고 이러한 능력은 비단 과학 분야뿐 아니라 어떤 분야에서든 필요로 한다. 그렇다면 미생물학자를 포함한 생명과학 분야의 연구자에게 필요한 미덕으론 어떤 것이 있을까.

첫 번째, 사물을 깊게 관찰하는 눈과 '왜?'라는 질문이다. 현미경으로만 볼 수 있는 세포 속 혹은 미생물의 작은 변화들을 때론 실험으로 때론 데이터 분석으로 찾아낼 수 있어야 한다. 왜 그런 변화가 일어났으며, 그런 변화는 어떠한 영향을 유도하는지에 대한 물음이 필요하기 때문이다.

두 번째, 기술이 필요하다. 웨트 랩에서 실험을 하기 위해선 꼼꼼한 손기술이, 드라이 랩에서 분석을 하기 위해서는 컴퓨터 프로그램 능력이 필요하다. 이러한 기술은 대학 이상의 교육과정에서 배울 수 있으며, 그 기회는 많은 편이다. 다만 늘 관심을 가지고 있으면서 기회가 왔을 때 단번에 잡을 수 있어야 한다.

세 번째, 글쓰기 능력이다. 미생물학자와 글쓰기가 무슨 상관이 있느냐고 생각할 수 있지만, 사실 과학을 하는 모든 이들에게 글쓰기 능력은 필수다. 자신의 연구를 논문으로 출판하는 일은 같은 분야의 다른 과학자들, 그리고 협업할 수 있는 다른 분야의 과학자들뿐 아니라 일반인들에게까지 자신의 연구를 알리고 소통하는 과정이다. 이를 잘 수행하기 위해선 책을 읽고 생각을 정리해 글을 쓰는 연습이 필요하다.

네 번째는 영어 실력이다. 안타깝게도 과학계에서 사용하는 공용어가 영어이다 보니, 거의 모든 논문은 영어로 쓰여 있을 뿐 아니라 자신의 논문도 영어로 써야 한다. 이 때문에 영어 실력은 기본적으로 탑재하고 있어야 하는 능력 중 하나인데, 내 경우에 이 부분이 가장 어려웠다. 지금도 좌충우돌하고 있는 부분이라 이 글을 읽는 이들에게 다시 한 번 강조하고 싶다.

꿈꾸고, 준비하고, 도전하세요

지난 2021년 4월, 과학 에세이 《사이언스 고즈 온》을 출간했을 때 고등학생을 대상으로 북 토크를 한 적이 있어요. 그때 한 학생이 이렇게 물었어요.

"과학자가 되기 위한 가장 중요한 자질은 무엇인가요?"

나는 정작 이 질문을 받기 전에는 과학자의 자질에 대해 생각해본 적이 없었단 사실을 깨달았습니다. 내가 자연과학부에 입학했던 건 수능 점수에 맞추었기 때문이었죠. 그리고 대학 2학년 때 미생물학으로 전공을 정한 건 이 학문을 공부하면 생명공학연구소에 취업하기 좋다는 말을 들었기 때문이었고요.

그러니까 '과학은 나의 길'이라든가 '나는 과학자로서 아주 좋은 자질이 있다'는 생각으로 과학자가 된 것은 아니었던 겁니다. 북 토크가 끝난 후에도 그 학생의 질문이 계속 머릿속에서 맴돌았어요.

'과학자가 되려면 어떤 자질이 필요하지?' 그러다 두 가지 답을 찾았어요. 호기심과 자긍심. 호기심은 과학자가 늘 가지고 있어야 하는 기본 자질이에요. 과학이란 항상 '이게 뭐지?', '이게 왜 이렇지?' 같은 질문을 하고 스스로 탐구하는 일이니까요. 다음으로 자긍심은 일반적으로 자신을 자랑스럽게 여기는 마음을 뜻하는 말이지만, 과학자에게 자긍심이란 '틀린 것을 받아들일 수 있는 마음 자세'예요.

과학은 가변적이에요. 과학자는 가설을 세우고 그에 대한 증거를 찾지만, 또 다른 누군가에 의해 더 나은 증거가 나올 수도 있고 실험으로 재증명될 수 있어요. 이럴 때 자기 것만을 고집하다 보면 진실을 놓칠 수가 있어요. 잘못된 것을 밝혀 확장해나가는 것 자체가 과학 진보의 역사인 셈이죠.

과학자는 눈에 보이는 상품을 떡하니 내놓는 사람이 아니에요. 가설을 세우고, 그 가설을 과학적 증거로 무장하고, 사실로 밝혀지는 과정을 진심으로 사랑하고 즐기는 사람이에요. 그리고 과학을 통해 사람과 사람 사이의 눈을 녹이고, 더 다가가기 위해 대화를 하는 사람이기도 하죠. 과학자의 역할은 실험실에 갇혀 있지 않아요. 사람들에게 과학적 사실을 전달함으로써 자연과 세상을 이해하는 데 도움을 주는 역할까지 맡고 있죠. 과학자의 눈이 언제 반짝이는지 아세요? 바로 자신의 과학을 다른 사람에게 전할 때랍니다.

모든 것을 궁금해 하는 호기심과 내 이론이 틀렸다는 것을 인정할 수 있는 자긍심을 가지고 있는 학생이라면, 누구나 좋은 과학자가 될 수 있을 거라고 생각합니다. 그렇다면 연구와 실험을 통해 새로운 지식을 알아내고, 그 지식을 다른 사람에게 전할 때의 기분이 얼마나 멋진지도 맛볼 수 있을 거예요.

과학의 길이 궁금하다면 꿈을 꾸고, 준비하고, 그리고 도전하면 됩니다. 그 과정 과정마다 여러분보다 앞서간 과학자들이 손을 내밀 겁니다. 그들의 손을 잡고 대한민국 여성 과학자로서 함께 걸을 수 있는 여러분을 머지않은 미래에 볼 수 있길 기대합니다.

1961년 대전 출생. 고려대학교에서 물리학 학사와 석사를 마치고 미국 루이지애나주립대학교에서 물리학 박사를 마쳤다. 메릴랜드대학교에서 포닥 연구원을 거쳐 현재 물리학과 교수로 재직 중이다. '젊은 과학자 및 기술자 상' 미국 대통령상, 'NASA그룹 업적 상', 'APS Fellow(미국 물리학회 석학 회원)', '한국과학기술단체총연합회와 재미과학기술자협회 선정 올해의 과학자' 상 등을 수상했다. 재미여성과학기술자협회, 재미한인과학기술자협회 회장 등을 역임했다. 대표적인 논문으로는 "Advances in Direct Measurements of Cosmic Rays"(Invited Review Paper, JKPS, 2021), "Discrepant hardening observed in cosmic-ray elemental spectra"(Astrophys. J. Lett, 2010), "An excess of cosmic ray electrons at energies of 300-800 GeV"(Nature, 2008) 등이 있다.

✦ **2** ✦

천체물리학자 서은숙

✦ ✦ ✦

그럼에도 지구는 돌고, 난 과학을 하겠다

＊ ✦ ✦

내가 대학을 다녔던 1980년대만 해도 물리학은

여자는 잘 선택하지 않는 과목이었고,

물리학과를 졸업한 후에 할 수 있는 일도 그리 많지 않았다.

학문으로서 물리학을 공부하는 즐거움은 있을 수 있으나

나중에 뭘 하며 먹고 살아야 하는지에 대한 전망은

불투명하기만 했다.

하지만 그때 이미 나는 몇 가지 기본 원리를 적용해

복잡한 자연현상을 설명하는 물리의 간결한 논리에

매료되어 있었기에 물리를 포기할 수 없었다.

그리고 무엇보다 나는 내가 가야 할 길은 내가 정하고 싶었다.

비록 어렵고 힘들더라도 그 길이 내가 원하는 길이라면

끈기 있게 전력을 다해 걸어갈 수 있기 때문이다.

호기심이 많아 꿈도 많았던 아이

✦

초등학교 2학년 때, 나는 커서 시인이 되리라 마음먹었다. 내가 쓴 동시가 학교 신문에 실린 이후, 나는 대회가 있을 때마다 백일장에 열심히 나갔다. 그러던 어느 날 문득 이런 생각이 들었다. '계속 글을 쓰기 위해선 여러 가지 경험을 많이 해야겠구나' 하는. 어린 마음에도 글을 쓴다는 건 단지 글을 짓는 것이 아니라 다양한 경험을 통해 얻는 깊은 생각을 표현하는 일임을 어렴풋하게나마 깨달았던 것 같다.

시인의 꿈이 시들해질 즈음 우연히 나간 사생대회에서 상을 받았고, 그때부터 나의 꿈을 화가로 바뀌었다. 평소 미술을 좋아했던 데다 상까지 받고 보니 화가가 내 길인 것 같았다. 하지만 이 꿈 역시 그리 오래가지는 않았다. 사실 당시 나는 거의 모든 과목을 좋아했고, 다양한 분야에 관심이 많은 아이였다.

좋아하는 것이 많은 만큼 되고 싶은 것도 많았다. 그렇지만 나를 가장 설레게 하는 특별한 건 따로 있었다. 과학이었다.

초등학교 때 학교 대표로 몇몇 학생이 과학프로그램에 참여했는데, 거기서 나는 여러 가지 흥미로운 실험을 해볼 수 있는 경험을 했다. 내 예상과 다른 결과가 나올 때는 짜릿하기까지 했다. 이해가 잘 안 되니까 궁금했고, 궁금하니까 끝까지 풀고 싶었다. 초등학교에 들어가기 전부터 나는 유독 궁금한 것이 많은 아이였다고 한다. 길거리의 모든 글자를 읽고, 그 글자의 뜻을 꼬치꼬치 캐물었던 탓에 엄마는 질문 폭격을 맞곤 했단다. 엄마는 꽤 귀찮았을 테지만, 나의 호기심과 실험정신이 상당 부분 자신에게서 왔다는 걸 알고 있었다.

미국 유학 시절 잠시 한국에 들어왔다가 초등학교 때 매일 붙어 다니던 단짝 친구를 만난 적이 있었다. 그 친구와 이야기를 하다 내가 까맣게 잊고 있던 이야기가 떠올라 둘이 한참을 웃었다. 어느 날 나와 함께 우리 집에 왔을 때 벌어진 일이다. 내가 하나 틀린 과학 시험지를 꺼내 엄마한테 보여드리자 엄마는 나를 데리고 부엌으로 들어가셨다. 그리고는 컵에 물을 채우고 종이를 컵 위에 놓은 후 컵을 뒤집으셨다. 과연 물이 쏟아질까, 아니면 그대로 있을까? 이게 내가 틀린 문제의 질문이었다. 원리적으로는 기압에 의해 물이 쏟아지지 않는 게 맞다. 그러니 당연히 물이 쏟아지지 않았어야 했지만 엄마가 컵을 뒤집는 순간, 물이 쏟아졌다.

뭐가 문제였을까? 컵 위에 놓은 종이가 문제였다. 그냥 종이가 아니라 종이 카드나 판지를 올렸어야 했다. 문제지엔 이런 단서가 붙어 있어야 했는데, 그냥 종이라고만 되어 있었다. 종이는 물에 쉽게 젖어 물이 쏟아진다. 엄마가 보여주신 실험을 통해 나는 시험 문제는 틀렸지만 내 생각이 틀린 건 아니라는 결론을 얻었다. 당시 친구는 굉장히 충격을 받았다고 한다. 자기는 70점을 맞아도 엄마가 시험 문제를 보고 뭘 맞고 뭘 틀렸는지 확인한 적이 없었는데, 우리 엄마는 틀린 한 문제를 직접 실험을 통해 보여주었다면서.

아이는 부모한테서 영향을 많이 받게 되어 있다. 유전적인 기질뿐 아니라 성장하는 과정에서도 부모를 통해 많은 것을 보고 듣게 된다. 타고난 호기심을 그대로 묻어두지 않고 풀어나가는 방법을 찾고, 그 과정의 즐거움을 느낄 수 있도록 도와준 엄마는 어린 시절 나에게 가장 든든한 지원자였다. 하지만 이때에도 나중에 과학자가 되리라곤 생각지도 못했다. 다양한 분야에 뻗어 있는 내 호기심이 다양한 가능성에 대해 꿈을 꿀 수 있게 했을 뿐.

천체물리학자 서은숙

모범생의 첫 반란, 설레는 이과 길 선택

✦

나의 학문하는 태도에 결정적인 영향을 끼친 말 한마디가 있다. 초등학교 입학식 날이었다. 학교에는 또래들과 그들의 부모뿐 아니라 언니 오빠들로 가득 차 있었다. 그렇게 많은 사람을 본 것은 처음이라 나는 엄마 손을 꼭 붙잡은 채 놓지 않으려 했다. 그러자 엄마는 몸을 구부려 "선생님 말씀만 잘 들으면 돼"라고 귓속말을 했다. 아마도 엄마는 두려워하는 나를 안심시켜주려고 이 말을 했을 것이다. 나는 엄마의 말을 가슴깊이 새기고, 학창 시절 내내 선생님 말씀을 열심히 듣는 학생이 되었다. 공부를 열심히 한 것은 물론이고, 곧잘 선생님의 일을 돕기도 했다. 또 반장, 회장 등의 학급 간부를 맡아 늘 바쁘게 움직였다. 엄마는 몸이 약한 내가 걱정된 나머지 학기 초마다 선생님에게 이번엔 아이가 학급 간부를 맡지 않았으면 좋겠다는 부탁을 하기도 했다. 하지만 학급 간부는 학생들의 투표로 뽑는 것이라 선생님은 엄마의 부탁을 들어줄 수 없었다.

중학교에 진학해서도 모범생이었다. 그 당시 서울은 고등학교 평준화 시스템이 막 자리를 잡기 시작했지만, 내가 살았던 대전에선 입학시험을 치고 성적에 따라 고등학교를 선택해야 했다. 나는 대전에서 마지막 명문이라 불리는 학교에 가기 위해 중학교 3년 동안 열심히 공부했고, 그 덕분에 3년 내내 전교 일등을 놓치는 일이 거의 없었다. 그렇게 들어간 고등학교에서도 공부를 곧잘 했기에 부모님은 내가 법대에 진학하기를 바라셨다. 법대에 가려면 문과 반을 선택해야 했지만, 내가 원했던 것은 이과반이었다. 법관이 좋은 직업이라는 걸 알았지만, 내 마음이 동하지는 않았다. 아무리 생각해봐도 과학처럼 내 마음을 설레게 하지도 못했다.

꽤 오랜 시간을 고민했다. 여전히 나는 부모님 말씀을 잘 듣는 아이였고, 부모님의 기대도 저버리고 싶지 않았기 때문이다. 하지만 결국 나는 이과반에 가기로 마음먹었다. 내가 좋아하는 것을 해야 삶이 즐겁고, 비록 어려운 일이 닥치더라도 후회가 없을 것 같았기 때문이다. 문제는 부모님의 허락을 구하는 것이었다.

"이과반에 가야 공부를 더 많이 할 수 있어요. 또 더 어려운 수학II도 배울 수 있고요."

좀더 어려운 공부를 더 할 수 있다는 말에 부모님의 마음을 움직이기는 했지만, 그 순간에도 부모님은 내가 물리학을 전공할 것이라는 생각은 하지 못했다. 당시 물리학은 여자는 잘 선택하지 않는 과목이었고, 물리학과를 졸업한 후에 할 수 있는 일도 그리 많지 않았다. 학문으로서 물리학을 공부하는 즐거움은 있을 수 있으나 나중에 뭘 하며 먹고 살아야 하는지에 대한 전망은 불투명하기만 했다. 하지만 그때 이미 나는 몇 가지 기본 원리를 적용해 복잡한 자연현상을 설명하는 물리의 간결한 논리에 매료되어 있었다.

만약 공부로 스트레스를 받는 학생이 있다면, 먼저 자신이 하고 싶은 일부터 찾아보는 것은 어떨까? 동기나 목표가 있으면 확실히 자신의 시간을 허투루 쓰는 일은 덜할 것이다.

개인보다 공동체가 우선이었던 시절의 자산

✦

    나는 중·고등학교를 여학교를 다녔기 때문에 대학만큼은 남녀공학을 다니고 싶었다. 고려대학에 입학하게 되었고, 나의 대학 생활은 예상보다도 훨씬 즐거웠다. 하지만 내가 입학한 1980년도는 정치적으로 도탄에 빠지고 사회적 갈등이 심했던 때였다. 대학가에선 연일 반정부 시위가 펼쳐졌고, 급기야 전국 대학에 휴교령이 내려졌다. 굳건하게 닫힌 학교를 전투경찰이 장악했기에 학교의 진짜 주인인 학생들은 학교에 들어갈 수가 없게 된 것이다. 나는 "민족중흥의 역사적 사명을 띠고 이 땅에 태어났다"로 시작되는 국민교육헌장을 달달 외웠던 세대다. 등 따습고 배부른 개인의 안위보다 국가와 사회에 도움이 되는 게 더 중요하다고 배웠다.

    '국가와 사회를 위해 나는 무엇을 할 수 있고, 무엇을 해

천체물리학자 서은숙

야 하는가.' 당시 국가와 사회 상황은 수많은 학생들에게 풀수 없는 어려운 질문을 던졌다. 나 역시 선후배 그리고 동기들과 끝없는 토론을 하기도 했고, 수많은 밤을 지새우기도 했다. 이 과정에서 사회 구성원으로서 내가 해야 할 바나 사회를 바라보는 시선 등을 배웠다. 돌이켜보면 정상적인 학과 공부를 했다면 경험할 수 없는 귀한 시간이었다. 이외에도 대학생활을 통해 배운 것들이 많다. 팀워크나 자기 관리 등이 그것이다. 당시 고려대는 선후배의 결속력이 강했고, 서로에 대한 정이 넘쳐나는 문화였다. 연례행사인 고연전 때 퍼레이드 선두에 선 농악대에 들어가 사진을 찍었을 때도 승패와 상관없이 전교 학생들이 하나가 되는 힘이 얼마나 큰지 체험할 수 있었다.

이러한 경험은 미국에서 공동연구를 통한 프로젝트를 할때 큰 도움이 되었다. 물리학의 발전에 따라 이제 한 개인이 간단히 할 수 있는 과제는 거의 사라졌다. 프로젝트의 규모가 커지면서 많은 사람이 머리를 맞대고 공동연구를 하는 경향으로 바뀐 것이다. 과학자와 기술자는 개성이 강하기 때문에 함께 일하는 것은 고양이 떼를 모으는 것과 같이 어렵다고 한다. 특히 언어와 문화가 다른 여러 나라 사람들로 국제 공동연구팀을 만들고, 함께 공동 과제를 해내야 할 때면 소통이 더 중요해진다. 이때 필요한 것이 팀워크다. 사회생활에 기본인 팀워크는 교과과정엔 없지만, 대학 시절에 가장 많이 습득할 수 있는 덕목이다.

시간 관리의 원칙은 술과도 연관성을 가진다. 대학 시절 나는 사진에 관심이 많아 사진 동아리인 '암실'에서 활동했었다. 계절이 바뀔 때마다 카메라를 메고 산천을 다니기도 했고, 레이저로 광학 실험을 해 회절이나 간섭 등의 사진을 찍고, 주기적으로 전시회도 열었다. 하지만 대학 동아리 활동이라는 게 꼭 관심사를 함께 공부하고 공유하는 것으로 끝나진 않는다. 모임의 끝은 늘 저녁 식사와 술자리로 이어지곤 했다. 나는 술을 전혀 마시지 않았지만 항상 끝까지 자리를 지켰다. 선후배, 동기들과 함께 보내는 그 시간의 즐거움을 스스로 접지 못했기 때문이다. 하지만 아무리 술자리가 길어져도 그 다음 날 강의에 늦거나 빠진 적은 단 한 번도 없다. 제출할 과제를 못하거나 시험을 못 치는 일도 없었다. 선배들에게 본인의 시간 관리를 알아서 해야 한다는 원칙을 배웠고, 또 실천했기 때문이다.

천체물리학자 서은숙

우주로 쏘아올린 벌룬

✦

내가 대학을 졸업한 시기는 1980년대 중반이었는데, 당시만 해도 한국의 여건이 그다지 좋은 편은 아니었다. 미국이 물리학의 선두주자였기에 나는 당연히 미국 유학을 생각했다. 지금은 인터넷으로 대학 정보를 쉽게 찾을 수 있지만 내가 유학을 준비할 때는 사정이 달랐다. 그래서 대학원에 입학해 석사 과정을 밟았다. 아무래도 대학원에서는 유학 정보를 더 많이 얻을 수 있고 지도교수나 유학 중인 선배들의 도움을 받을 수 있는 기회가 많아지기 때문이었다.

대학원의 석사 논문지도 교수님은 미국 루이지애나주립대학에 원서를 내보는 것이 어떻겠느냐고 권하셨다. 몇몇 학교에 원서를 냈는데, 루이지애나주립대학에서 제일 먼저 입학 허가서가 왔다. 그것도 전액 조교 장학금을 받을 수 있는 조건이었다. 더는 생각할 것도 없이 미국으로 건너갔다. 혈혈단신으로 겁도 없이 결행했지만, 막상 미국이란 환경은 내게 모든 것이 생소하기만 했다.

'내가 잘할 수 있을까, 이곳에서 잘 적응해 무사히 공부를 끝마칠 수 있을까.' 이런저런 걱정이 절로 들었지만, 마음을 단단히 먹었다. 그리고 석사 지도교수님이 미국에 도착하면 만나뵙고 인사드리라는 교수님이 있었는데, 이 낯선 땅에서 누군가와 약속을 하고 만날 수 있다는 사실 하나만으로도 위안이 되었다. 그런데 지도교수님이 소개한 교수님을 만난 건 단지 누군가와 만날 수 있다는 위안 이상의 의미가 되었다. 그 교수님은 NASA에서 박사학위 논문 연구를 해보는 것이 어떻겠느냐는 제안을 하셨는데, 그분이 아니었다면 학생이 NASA에서 박사 논문 연구를 할 수 있다는 것 자체를 아예 몰랐을 것이다.

아폴로 우주선의 달 착륙을 텔레비전으로 봤는데, 그것을 쏘아올린 NASA에서의 연구라니… 생각만으로도 가슴이 뛰었다. 한국에 있을 때 상상조차 한 적이 없는 일이었기에 생소했고, 한편으로 두렵기도 했지만 나는 NASA의 문을 두드리기로 했다. 그리고 운 좋게도 NASA 고다드우주비행센터에서 박사학위 논문 연구를 할 수 있게 되었다. NASA 고다드우주비행센터는 메릴랜드 주에 있다. 플로리다 주의 케네디우주센터가 우주선 발사 시설 및 발사 통제 센터이고, 텍사스 주 휴스턴에 있는 존슨우주센터가 유인 우주 계획을 총괄하는 본부인 반면, 고다드우주비행센터는 우주과학 연구의 중심지다. 또 2006년 노벨 물리학상 수상자인 존 매더 박사가 있는 곳이기도 했다.

이곳에서의 생활은 정신없이 바빴다. 일정이 촉박해 주중은 물론이고 주말이나 공휴일에도 고다드센터에 출근하다시피 하며 지냈다. 그러던 어느 날이었다. 아무도 나오지 않은 텅 빈 건물에서 홀로 일하던 중 우연히 반바지 차림의 머리가 하얀 노신사를 만나게 되었다. 알고 보니 워싱턴 DC에 있는 NASA 본부의 수석 과학자였다. 그는 1977년 목성 탐사를 목표로 발사한 보이저호의 우주선 기기를 주관했는데, 그 데이터 분석을 하기 위해 주말과 공휴일은 고다드센터에 나온다고 했다. 그는 이후로도 센터에서 만날 때마다 내가 연구하고 있는 논문의 진행상황을 물어보았고, 나는 짧은 영어로 설명하곤 했다.

그와의 인연은 여기에서 끝나지 않았다. 내가 박사학위를 받을 즈음 그는 NASA에서 은퇴하고 메릴랜드대학에 연구팀을 만들었는데, 내가 박사학위를 받자마자 함께 보이저호의 데이터 분석을 하자는 제안을 해온 것이다. 보이저호는 인류 역사상 처음으로 태양권을 벗어나 2021년 현재 지구로부터 가장 먼 거리를 항해하고 있으며, 발사한 지 44년째인 지금도 데이터를 보내고 있는 역사적인 미션이었기에 매우 매력적인 제안이었다. 게다가 단기적 박사후연구원이 아니라 반영구적 연구직이었다. 그런데도 나는 당돌하게 보이저호의 데이터 분석 이외에 내가 원하는 연구를 할 자유가 있는가를 물었고, 그가 흔쾌히 허락을 해 메릴랜드대학에 가게 되었다.

이후 박사 논문의 연장선으로 반물질과 암흑물질 연구 관련 프로젝트도 하고, 메릴랜드대학에 고에너지 우주선cosmic ray 검출기를 개발하는 새로운 실험실도 구축했다. 고에너지 우주선 검출기는 우주선 입자의 성분과 에너지 스펙트럼을 측정하기 위한 검출기다. 이 검출기는 지상에서 인공가속기를 사용하는 핵물리나 입자물리 실험에 사용되는 검출기와 원리는 같으나 우주에서 작동할 수 있도록 만들어진다.

우주선 입자의 수는 에너지가 높을수록 적기 때문에 고에너지를 측정하려면 검출기가 넓어야 하고 오랜 시간 측정해야 한다. 그런데 우주에 무엇인가를 발사하기 위해서는 발사체의 한계 때문에 그 크기나 무게에 제한을 받게 된다. 특히 우주선의 에너지 측정에 필요한 칼로리미터는 납이나 텅스텐처럼 무거운 물질로 만들어야 하기에 측정할 수 있는 우주선 에너지가 제한될 수밖에 없다. 나는 우주선 물리학계의 숙원이었던 고에너지 측정이 가능하도록 혁신적인 검출기를 디자인해 미국 대통령상을 받기도 했다.

이즈음 나는 크림Cosmic Ray Energetics And Mass 프로젝트를 계획했다. 내가 주도한 크림 프로젝트는 우주선의 근원을 찾기 위해 개발한 장비를 남극 대륙에서 축구장 크기의 벌룬에 매달아 띄우는 것이다. 벌룬은 한번 발사하면 약 한 달간 남극 상공에 체류하며 우주선을 검출하게 된다. 이 과정에서 기존의 우주실험에서 한계였던 테라볼트TeV, 10^{12} 이상의 고에너지 우주선을 성공적으로 측정했다. 즉 지상에서 인공가속기로는 만들 수 없는 초고에너지를 가진 입자를 검출한 것이다.

기존의 우주선 가속전파 이론에 의하면 은하계의 초신성과 같은 천체의 폭발로 우주선이 가속되며, 그 충격파에 의한 가속의 결과로 우주선의 에너지 스펙트럼은 입자의 종류에 상관없이 같은 멱법칙을 따를 것으로 예측했다. 그러나 우리가 측정한 초고에너지 우주선은 같은 멱법칙을 따르지 않았고, 과거의 저에너지에서 관찰되었던 우주선의 스펙트럼과도 달랐다. 고에너지 우주선이 기존의 우주선 가속전파 이론으로 예상했던 바와 다르다는 것을 발견하게 되었고, 이보다 더욱 높은 고에너지에서의 측정을 위해 최근엔 우주선 검출기를 개발해 국제우주정거장에 탑재하게 되었다.

크림 프로젝트는 국제협력을 통해 많은 사람이 참여한 프로젝트다. 이 프로젝트를 주도한 나는 크림 장비를 우주에 발사하기까지 여러 스텝을 밟아야 했다. 우주선 연구 프로젝트를 구상하고, 팀을 구성하고, 입자 검출기를 디자인하는 과정이 필요했다. 그런데 이 모든 과정을 완벽하게 마무리했다고 해서 우리가 만든 기구를 우주로 쏘아올릴 수 있는 것은 아니다.

발사체를 우주로 쏘아올리기 위해선 여러 조건이 기적처럼 들어맞아야 한다. 일단 모든 장비를 시간 내 무사히 남극 대륙으로 옮겨줘야 한다. 그리고 날씨가 적당해야 한다. 태양광 전기력으로 장비를 작동시키기 때문이다. 바람이 너무 세도 안 되고, 비나 눈이 내려서도 안 된다. 인공위성을 통한 교신이 이루어져야 한다. 또 발사대원들이 9시간 이상 옥외에서 일해야 하기에 날이 너무 추워도 안 된다. 또한 남극에서는 극 소용돌이가 형성되는 현지 여름에만 발사할 수 있다. 다른 계절에는 극 소용돌이가 깨져 비행 후 장비 회수가 불가능하다.

마침내 발사일이 왔다. 남극은 외부 출입조차 금지되는 거센 바람과 눈폭풍이 잦은 곳이다. 그런데 우리가 벌룬을 쏘아 올리는 날엔 언제 그랬냐는 듯 바람과 눈폭풍이 마술처럼 사라지고 정적만 돌았다. 모든 준비를 끝낸 후, 우리는 벌룬을 우주로 쏘아올렸다. 뒤이어 직경 150미터 벌룬이 3톤의 장비를 싣고 40킬로미터 상공으로 치솟았을 때 그 자리에 있었던 사람들은 일시에 기쁨의 탄성을 내질렀다. 아직도 그때 느꼈던 전율이 잊히지 않는다. 2004년 남극 비행을 시작한 이후 10여 년에 걸쳐 7번의 남극 비행을 거치는 과정에서 총 191일의 비행시간을 달성했는데, 이는 최장기 체류 기록이기도 하다.

벌룬 발사에 못지않게 신나는 일은 내 실험장비를 실은 로켓을 우주에 발사하는 것이었다. 남극 비행 성공을 바탕으로 2017년엔 크림을 우주정거장에 탑재했다. 이를 통해 우주에서 보다 긴 장기 체류가 가능해졌고, 그만큼 더 센 고에너지 입자를 측정할 수 있게 된 것이다. 재미있는 에피소드도 하나 있다. 우주정거장행 스페이스-X 발사 날엔 유명한 우주비행사 버즈 올드린이 직접 축사를 했는데, 그는 닐 암스트롱에 이어서 두 번째로 달에 발을 디딘 사람이다. 그날 이후 나와 악수하자는 사람이 많아졌다는 것이다. 달나라에 갔던 사람과 악수한 손이라며.

천체물리학자 서은숙

우주의 신비에 다가서는 천체물리학의 세계

✦

　　빅뱅이론에 의하면 우주는 약 138억 년 전에 작은 점으로
부터 대폭발을 통해 시작되어 지금도 쉼 없이 팽창 중이다. 빅
뱅이론으로 우주 역사의 기본적 윤곽은 설명되었지만, 아직도
완전히 이해되지 않은 세부적 부분이 많다. 예를 들어 물리학
의 기본원리인 대칭성에 의하면 우주　초기에는 물질과 반물질
이 똑같은 양으로 존재했어야 하는데, 현재 우리가 사는 세상
은 반물질보다 물질이 압도적으로 많은 비대칭을 보인다.

　　물질은 입자로, 반물질은 반입자로 이루어져 있다. 반입자
는 질량 등 물리적 성질은 입자와 같지만 입자와 반대의 전하
를 띤다. 입자와 반입자 또는 물질과 반물질이 만나면 빛의 형
태로 에너지를 내며 둘 다 소멸한다. 반물질이 다 사라질 만큼
대칭성이 깨진 거라면, 그 현상이 실험적으로 검증되어야 하는

데 아직 그에 대한 증거가 없다. 반대로 대칭성이 깨진 게 아니라면 반물질은 사라지지 않았을 것이다. 그렇다면 반물질은 어디에 있는 걸까? 우주를 물질이 많은 구역과 반물질이 많은 구역으로 나누는 가설을 세워보자. 우리 인류는 물질이 많은 구역에 있지만, 반물질인 별이나 은하는 우리가 볼 수 없는 먼 곳에 있을 것이다. 그렇다면 외계에서 오는 입자들인 우주선에 그 샘플이 섞여 있을 수도 있지 않을까? 지금까지는 샘플의 양이 매우 적어서 검증이 힘들지만, 앞으로 많은 데이터를 모으면 검증이 가능할 수도 있다. 이러한 것들을 알아내는 것은 천체물리학 분야이다.

천체물리학은 무엇일까? 이를 알기 위해선 먼저 물리학과 천문학에 대해 알아보는 게 필요하다. 물리학은 자연현상을 탐구하는 학문으로 그 범위는 작은 입자부터 우주까지 어마어마하게 방대하다. 물리학이 물질과 상호작용, 시공간에서의 운동, 그와 관련된 에너지나 힘 등을 연구하는 분야인 데 비해 천문학은 우주를 구성하는 별, 행성, 은하, 성단 등을 연구하는 분야이다. 천체물리학은 물리학과 천문학의 교점이라 할 수 있다. 구분이 좀 모호할 때도 있는데, 예를 들어 별을 망원경으로 관찰하는 것은 천문학에 속하고, 별이 폭발할 때 가속된 입자들을 입자검출기로 측정하여 연구하는 우주선 물리는 천체물리학에 속한다. 우주선 물리는 핵물리학이나 고에너지 물리학의 모체라고 할 수 있는데, 우주선에서 발견된 입자들의 성질을 구체적으로 연구하기 위해 인공가속기를 만들어 입자를 충

천체물리학자 서은숙

돌시킴으로써 핵물리학과 고에너지 물리학이 시작되었기 때문이다.

최근 천체물리학에서 이루어낸 가장 큰 성과는 무엇일까? 역설적이게도 우리가 우주에 대해 아는 것이 거의 없다는 것을 인식하게 되었다는 것, 그것이 가장 큰 성과다. 우주의 95% 정도는 암흑에너지와 암흑물질이다. 우리가 알고 있는 보통물질은 5%도 되지 않는다. 암흑에너지는 중력과 반대 방향으로 작용하여 우주를 팽창시키는 에너지이고, 암흑물질은 중력으로 그 존재는 인정되었지만 전자기 반응을 하지 않는다는 것 외엔 아직 그 정체가 밝혀지지 않았다.

이론적으로는 우리 눈에 보이지 않는 암흑물질 입자가 서로 부딪히면서 측정 가능한 우주선이 발생할 수 있기에 많은 과학자가 실험으로 그 증거를 찾고 있다. 과거에 도달하지 못했던 고에너지 영역을 탐구해 우주선 입자의 가속·전파 현상을 분석함으로써 거대한 별이 폭발하는 초신성과 같은 우주가속기를 연구하고, 우주선의 기원을 파악하여 암흑물질과 반물질 같은 미지의 현상을 규명하고자 하는 것이다.

우주의 비밀을 탐구하는 일은 지속적인 과정이다. 연구를 통해 하나의 문제를 풀고, 그 과정에서 새로운 문제를 발견하는 과정. 방대한 우주의 모든 문제를 다 풀고 다 이해할 수는 없겠지만, 궁극적으로는 이 과정을 통해 우주, 인간, 삶에 대한 통찰력을 가지게 된다.

어떤 사람들은 "인류는 핵폭탄을 만들 만큼 똑똑하지만

책임감 있게 관리할 만큼 현명한가?"와 같은 질문은 과학의 영역이 아니라고 말한다. 과학자는 오로지 과학기술의 발전에만 집중하면 된다고 보는 시각이다. 하지만 과학자 또한 이 지구에 발을 붙이고 사는 지구인으로서 인류와 사회를 바르게 이끌어가야 할 책임이 있는 한 개체다. 따라서 과학자는 사회의 편견과 고정관념을 깨고 인류가 좀더 나은 미래로 갈 수 있도록 노력해야 할 것이다.

관심을 정확히 표현하는 열정이 문을 열어준다

✦

나는 현재 메릴랜드대학교에서 물리학을 가르치고 있는데, 내 수업엔 전공자들만 있진 않다. 비전공자가 많이 듣는 수업에선 물리의 단순 지식보다 물리학을 통해 논리적 사고를 키우는 것에 더 중점을 둔다. 강의실 밖에서도 교육과 훈련은 계속된다. 전공자뿐 아니라 비전공자들도 내 연구실에서 다양한 우주선 물리 과제로 훈련을 받는다. 지금도 많은 과학자들이 연구를 통해 새로운 지식을 창조하고 있는 게 과학의 세계인데, 강의실에서 100년도 넘은 과거의 지식만 듣는 것보다는 새로운 지식을 창조해 나가는 과정에 동참하는 것이 학생들에게 훨씬 큰 도움이 될 것이다.

많은 학생들이 내 연구에 참여했는데, 이들이 졸업 후 사회 각 분야로 진출해 나름의 성과를 내는 것을 보는 것도 상당히 기쁜 일이다. 내가 가르친 물리학과 학생들은 졸업 후 대체로 물리학과 대학원에 진학하거나 소프트웨어 엔지니어로 기업에 진출한다. 하지만 로스쿨법학대학원에 들어가 특허 변호사가 된 학생이나 우주선 물리로 훈련받고 과학작가가 된 학생도 있다. 물론 이는 어디까지나 미국의 사례이지만, 한국이라고 별반 다르지는 않을 것이다. 물리학과를 졸업한 후에 선택할 수 있는 진로는 생각보다 많다.

한국의 교과과정엔 기본적으로 '물리'가 있으니 기초 지식도 웬만큼 배웠을 테고, 물리에 호기심이 많은 학생은 인터넷 검색이나 관련 서적을 통해 더 많은 공부를 했을 것이다. 그러니까 모르는 것은 모른다는 인식조차 없기에 찾지 않지만, 어느 정도 알고 있거나 하고 싶은 것을 찾는 건 그렇게 어려운 일이 아니다. 우리는 웬만한 정보는 인터넷 검색을 통해 알 수 있는 시대에 살고 있기 때문이다.

사실, 내가 원하는 것이 무엇인지 모르는 것이 문제다. 내가 원하는 것이 무엇인지 알고 있다면 그 길로 가는 방법은 스스로 찾게 되어 있다. 또 사람마다 성향이나 처한 환경이 다 다르기에 어떠한 방법으로 가라고 말할 수도 없다. 다만 대학이든 일이든 자신이 원하는 곳에 선정되기 위한 일반적 원리는 분명 있다. 학교든 기업이든 신청서를 작성할 땐, 선정하는 사람의 입장을 고려해 작성하는 것이 도움이 된다. 필수 요구사항이 무엇인지 잘 이해하고 그것을 충족시켜야 한다. 신청서를 낸 사람을 한 번도 만나본 적이 없는 심사위원이 신청서만 보고 사람을 판단해야 한다. 그러니 최소한 내가 어떤 사람인지를 정확하게 잘 표현해야 한다.

또 내가 가고 싶은 대학이나 학과가 있다면 적어도 그 학교나 학과에 대해 알아보는 것은 물론이고, 어떤 교수가 무슨 연구를 하고 있는지도 조사할 필요가 있다. 관심 분야에 대해 많이 알고 있다는 건 그만큼 열정을 가지고 있음을 의미하는 것이고, 이러한 열정은 상대방의 마음을 움직이는 데 큰 도움이 된다.

대학 졸업 후 대학원에 진학하고자 한다면 전공과 상관없이 컴퓨터 언어 하나 정도는 익히는 게 좋다. 컴퓨터를 잘 쓸 수 있으면 대학원을 가든 취업을 하든 도움이 될 것이다. 또 간단한 통계, 특히 통계적 오류에 관한 공부를 해두면 어떤 데이터를 다루든 통계적인 의미로 중요성을 판단할 수 있게 된다. 대학이나 대학원에서 공부하고 익힌 것들은 결국 사회에 나가서도 큰 도움이 된다. 기업 대부분은 좋은 학점을 필수적으로 요구하는데, 만약 학점이 좋지 않다면 왜 학점이 좋지 않았는지에 대한 사정을 잘 설명할 수 있는 것도 중요하다. 학점과는 별도로 내가 가진 생각이나 실력을 상대방에게 전달하기 위해서다.

예상치 못한 시련은 소중한 성과의 시간

✦

석사과정이 끝날 무렵 나는 잠시 중학교 교사로 일하면서 미국 유학 준비와 영어회화 공부도 병행했다. 동시에 여러 일을 하다 보니 눈코 뜰 새 없이 바빴다. 당시 동료 교사들은 중학교 교사는 안정적인 직업인 데다 결혼해서도 계속할 수 있으니 그냥 눌러앉는 게 어떻겠느냐고 권했다. 또 어떤 교사는 처음엔 자신도 유학을 가려 했지만 결국 눌러앉게 되었다는 경험을 말하며 "선생님도 그렇게 될 거예요"라고 장담했다. 사람은 안정적인 환경 속에 있으면 다른 것에 눈을 돌리지 않게 된다고 생각했던 것 같다.

하지만 당시 나는 이미 학자의 길을 염두에 두고 있었다. 학문은 나의 가슴을 설레게 했지만, 정작 설레는 만큼 아는 것이 없었기 때문이다. 더 많은 것을 알고 싶다는 생각이 간절했

천체물리학자 서은숙

기에 9개월 만에 교사직을 버리고 미지의 세계인 미국으로 온 것이다. 아무것도 가진 것 없는 빈손이었는데도 딱히 불안하지는 않았다. 낯선 곳에서 익숙하지 않은 언어로 공부해야 하는 어려움은 있었지만, 이러한 어려움은 어차피 각오한 것이기에 문제될 것도 없었다.

사실 사람이 어려움을 느끼고 좌절하는 건 자기 계획대로 일이 되지 않았거나 예상치 못한 일이 벌어졌을 때일 것이다. 이런 일들은 대체로 뜻밖의 교통사고와 같은 거라 충격이 클 수밖에 없다. 그런데 또 바꿔 생각하면 이 또한 기회일 수도 있다. 만약 내 예상대로만 일이 진행된다면 새로운 발견이라는 중요한 사건은 벌어질 수 없기 때문이다.

한 예로, 물리학의 아버지라 불리는 뉴턴의 학생 시절을 보자. 당시 전염병이 돌아 뉴턴이 다녔던 케임브리지대학은 문을 닫았고, 학생들은 각자 고향 집으로 피신을 가야 했었다. 오늘날처럼 원격 수업 기술도 없었기에 고향 집에서 보낸 2년은 그냥 허비되기 쉬웠다. 그런데 뉴턴은 이 시간들을 믿기지 않을 정도로 잘 활용해 수학, 광학, 천문학, 물리학의 중요한 발견들을 해냈다. 그 유명한 만유인력법칙과 관련된 사과 일화도 이 무렵의 일이다. 예상치 못한 시련의 시간을 뉴턴은 아주 소중한 성과의 시간으로 만든 것이다.

살다 보면 누구나 크고 작은 문제 상황에 부딪히기 마련이다. 하지만 문제에 대처하는 방식은 사람마다 다를 것이다. 대처 방식을 결정짓는 건 결국 마음가짐이다. 만약 걱정하고 발을 동동거리는 것으로 해결될 수 있는 문제라면 그렇게 하면 될 것이다. 하지만 내가 걱정한다고 해결될 수 없는 문제라면 걱정하는 대신 내가 할 수 있는 일에 집중하는 게 좋지 않겠는가.

천체물리학자 서은숙

선배나 교수에게 나를 어필하는 기술

✦

　　스팸과 피싱 이메일에 시달리다 보니 모르는 사람의 이메일을 받으면 열지 않고 그냥 휴지통에 버리기 일쑤다. 그런데 하루는 전혀 모르는 사람의 이메일임에도 그것을 열어본 적이 있다. 한 고등학생이 보낸 메일이었다. 메일엔 내가 연구하는 분야에 관심이 많으며, 내게 배우고 싶으니 인턴십을 허락해달라는 간곡한 부탁의 말이 쓰여 있었다. 자신이 일할 수 있는 일정까지 꼼꼼하게 적혀 있었다. 나는 그 학생에게 와서 인턴십을 시작하라는 내용의 답장을 보냈다.

　　학생들의 진로상담을 하다보면 가끔 "어떻게 해야 교수님의 답장을 받을 수 있어요?"라는 질문을 받는다. 이럴 때면 나는 인턴이 되고 싶다고 메일을 보내왔던 그 고등학생을 예로 들어준다. 나는 왜 평소와 달리 이 학생의 메일을 클릭했을까?

우선 발신인 이메일 주소가 신분을 확인할 수 있는 공식 주소여야 한다. 'net'이나 'com' 같이 아무나 만들 수 있는 계정에서 온 이메일은 아는 사람이 아닌 이상 믿을 수가 없기에 애당초 클릭 자체를 하지 않는다.

다행히 교수가 자신의 메일을 클릭했다면, 자신의 글을 진지하게 읽을 수 있도록 믿음을 주어야 한다. 이 학생은 자신의 신분을 정확하게 밝혔다. 첨부 파일엔 주소와 연락처가 포함된 이력서, 소속 학교가 확인 가능한 성적증명서, 추천서를 써줄 수 있는 세 명의 연락처가 들어 있었다. 이는 내가 그의 진심을 믿도록 만들었다. 그리고 본문의 내용을 장황하게 쓰지 않았다. 보통 교수들은 눈코 뜰 새 없이 바쁜 탓에 이메일의 내용이 길면 잘 읽지 않는다. 더군다나 일면식도 없는, 전혀 모르는 사람이라면 더할 것이다. 이메일 본문은 스크롤 해가며 보지 않아도 되게 한 화면에서 끝내는 것이 좋다. 되도록 짧은 길이에 모든 필요한 정보를 다 담으면, 읽는 사람도 보낸 사람의 의도를 빠르고 정확하게 파악할 수 있을 것이다.

인턴십을 원했던 학생은 바로 이 세 가지를 다 지켰다. 이메일을 받는 사람이 시간을 많이 들이지 않고 자신의 요구사항을 정확하게 알 수 있도록 했으며, 간단하면서도 필요한 정보를 제공해 상대방의 신뢰를 얻어냈다. 사실 이는 꼭 대학교수에게 보내는 학생의 메일에만 해당하는 게 아니다. 사회에서도 이런저런 이유로 전혀 모르는 사람에게 메일을 보낼 일이 생길 수밖에 없는데, 이런 때에도 위의 세 가지 조건을 유의해

천체물리학자 서은숙

서 보내면 좀더 긍정적인 답변을 얻을 수 있을 것이다.

공부하는 그 순간엔 자신의 의지나 노력이 중요하다. 하지만 더 넓고 더 깊은 배움을 얻고자 할 땐, 나보다 먼저 학문의 길로 들어서서 오랜 시간 공부한 사람과의 소통이 중요하다. 학교에선 교사, 대학에선 교수가 바로 이런 위치에 있는 사람일 것이다. 소통의 필요성을 느낀다면 상대방이 기꺼이 소통할 수 있는 자세로 접근해야 한다. 이러한 자세는 진실한 마음이 기본이지만, 상대방이 내 말에 귀 기울일 수 있게 만드는 기술도 필요하다.

"그럼에도 지구는 돌고, 난 과학을 하겠다"

✦

    대학원을 다니던 때였다. 한 학술대회에 참석했는데, 내 이름표에 '미스터'로 표시되어 있었다. 주최 측에서 확인도 안 하고 '미스' 대신 '미스터'를 붙인 것이다. 여자일 가능성을 전혀 고려하지 않았기에 일어난 일이었다. 그런데 이런 식의 무시는 놀랄 일도 아니다. 내가 대학을 다닐 때만 해도 여학생은 수시로 차별적 시선에 노출되어 있었다. 이를테면 여학생이 좋은 성적을 받으면 능력을 인정하는 대신 "여학생은 남학생들처럼 술 먹고 다니지 않으니 공부할 시간이 많을 것이고, 그 때문에 시험을 잘 봐 학점이 좋다" 같은 말을 하는 식이다.

    사회에 나와서도 성차별적 발언에 그대로 노출되었다. 여자가 물리를 하느라 고생한다고 걱정 아닌 걱정을 해주는 남자 동료가 있었는가 하면, "여자가 시집이나 가지 왜 물리를 하

천체물리학자 서은숙

느냐, 여자가 과학을 하려면 생물이나 의료 쪽으로 하지"라는 말을 서슴지 않고 하는 사람들도 있었다. 심지어 어떤 사람은 대화 중에 "여자 교수 2명 뽑아서 망한 학교 알지?" 같은 여성 비하 발언을 여성인 내 앞에서 아무렇지 않게 하기도 했다. 여성에 대한 편견과 차별은 사회 구석구석에 뿌리 깊게 박혀 있었다.

하지만 나는 이러한 편견이나 차별에 노출되어도 상처를 받지 않았다. 나 개인에 대한 차별이라기보다 사회적 무지에서 비롯된 고정관념, 또는 이제껏 누려왔던 기득권을 놓치지 않으려는 남성들의 불안감이 만들어낸 현상일 뿐이라고 생각해서다. 그리고 이들이 뭐라 한들 내 의지를 꺾지는 못했다. 갈릴레오의 명언으로 알려진 "그래도 지구는 돌고 있다"는 말처럼 '그래도 나는 과학을 하겠다'는 믿음을 지켰다.

과학자를 성별로 구분하는 건 무지한 일이다. 과학자에게 필요한 건 호기심과 지적 능력이다. 이러한 것들은 개인에 따른 차이일 뿐 성별에 따른 차이가 아니다. 다만 여성이기에 가지는 장단점이 있고, 남성이기에 가지는 장단점이 있을 순 있다. 남자든 여자든 자신의 장단점을 잘 파악하고, 그것을 적용하면 될 일이다.

그나마 다행인 건 요즘은 성평등 인식이 사회 전반에 퍼져 있고, 정치적·제도적 개선도 이루어지고 있다는 사실이다. 이렇게 되기까지 여성의 노력만 있었던 것은 아니다. 많은 남성이 여성의 편에 서서 평등한 사회를 만들고자 노력해왔다. 물론 아직도 개선되어야 할 부분은 많이 남아 있고, 여전히 많은 여성이 차별적 시선 아래 놓여 있는 것이 현실이다. 그렇기에 '그래도 지금은 예전보다 좋아졌어' 같은 생각에 머물러 있을 순 없다.

여성이 차별을 받는다면 남성은 행복할까? 여성은 누군가의 딸, 누군가의 아내, 누군가의 어머니다. 세상의 반이 불평등한 처지에 놓여 있다면 나머지 반도 평등하지 못한 사회에서 사는 셈이다. 성차별은 단지 여성의 문제가 아니라 남성의 문제이기도 한 이유가 여기에 있다. 아직은 보여주기 식에 머물러 있지만, 다음 세대에선 진정한 의미에서의 성평등이 이루어지길 기대해본다.

천체물리학자 서은숙

자신감, 유학생활에서 가장 필요한 덕목

✦

긴 하루를 마친 어느 날, 사무실을 나서려는데 한 학생이 다가와 잠시 시간을 내줄 수 있느냐고 했다. 무척 피곤한 상태라 내일 오라고 했다. 학생은 'no'라는 대답에 물러서지 않고 나를 설득했다. 물리학과 대학원 예비 입학생을 위한 오픈 하우스에 참석하느라 메릴랜드대학교를 하루 방문했는데 돌아가기 전에 내게 꼭 조언을 얻고 싶다는 것이었다. 그 열정이 기특해 학생의 얘기를 들어보기로 했다.

"전 스탠퍼드대와 캘리포니아공대, 오하이오주립대, 메릴랜드대 네 학교에서 입학허가를 받았습니다. 부모님은 제가 당연히 스탠퍼드대나 캘리포니아공대를 갈 거라 기대하십니다. 아무래도 이 두 대학이 오하이오주립대나 메릴랜드대보다 더 명문이니까요. 그런데 전 스탠퍼드대나 캘리포니아공대에 갈 자신이 없습니다. 이 두 학교에 방문해 만났던 예비 학생들이 너무 똑똑해 보여서…. 게다가 전 한국에서 온 유학생이라 영어 실력도 떨어지는 편이라, 내가 과연 이들과 경쟁할 수 있을까 하는 걱정만 들었습니다. 반면, 어제 방문한 오하이오주립대와 오늘 방문한 메릴랜드대의 분위기는 마음에 들었습니다. 그래서 오하이오주립대나 메릴랜드대를 선택하고 싶습니다. 아무래도 스탠퍼드대나 캘리포니아공대보단 명성이 높진 않다 보니 대학원 선택에서 명문 대학이 얼마나 중요한지 알고 싶어졌습니다."

사실 대학의 명성은 중요하다. 하지만 그보다 중요한 것은 자신의 이름이다. 누구나 다 알아주는 명문 대학 출신이라도 실력이 없다면 학교의 명성이 도움 되지 않는다. 능력이 안 되는데도 학교의 이름만 보고 무리해서 가는 건 현명한 선택이 아니다. 그런데 학생은 코넬대학에서 평점이 4.0이라고 했다. 내가 보기에 그 학생에게 부족한 건 자신감이었다.

"내가 재미있는 이야기 하나 들려줄까요?"

학생의 이야기를 듣다 보니 유학 초기에 만났던 A라는 친구가 떠올랐다. A는 한국에서 유학 온 지 얼마 안 된 정치학과 여학생이었는데 우수 조교 상을 받았다. 주로 물리 문제를 푸는 물리학과 조교도 영어는 부담스러운데 논쟁과 토론을 주로 해야 하는 정치학과 조교는 얼마나 영어를 잘해서 상까지 받게 되었는지 궁금했다. A에게 물었더니 전혀 뜻밖의 대답이 나왔다.

"나, 영어 못해."

A는 자신의 경험을 말해주었다. 강의실에서 학생들에게 "난 한국에서 태어났고 미국에 온 지 6개월밖에 되지 않아 영어가 짧다"고 말한 후, "너희 중에 한국에 가서 6개월 후에 한국말을 내 영어만큼 잘할 수 있는 사람 있느냐"고 물었다 한다. 모자란 영어로 주눅 드는 대신에 오히려 큰소리쳤는데, 그 강의실에 있던 학생들에겐 그 모습이 상당히 인상적이었을 것이다. A의 자신감은 그녀가 다른 학생들에게 조교로 인정받는 계기가 되었다. 또 우수 조교 상을 수상할 정도의 능력을 발휘할 수 있었던 것도 바로 이 자신감 때문이었다.

자신감은 자신을 믿는 힘이다. 내가 나를 못 믿는다면 다른 사람도 나를 믿지 못한다. 또 내가 나를 믿어야 힘들거나 어려운 문제들을 해결할 수 있는 에너지를 채워나갈 수 있다. 내게 조언을 구한 학생에게 친구의 이야기를 들려주었던 건 "넌 충분히 잘할 수 있어. 그러니 너 자신을 좀더 믿어봐"라고 말해주고 싶어서였다. 그리고 이번엔 이 말을 유학을 계획하거나 꿈꾸는 학생들에게 들려주고 싶다.

과학자는 자신에게도 인류에게도 축복이에요

물리를 좋아하는 한 여학생이 어느 날 물리학과 교수를 만나게 되었습니다.

"교수님, 전 물리학을 전공하고 싶어요. 어떻게 하면 될까요?"

여학생이 물었습니다.

"물리는 쉬운 길이 아닙니다. 성공할 가능성이 거의 없다고 봐야 합니다. 돈도 안 되는 일인데 왜 고생하려고 합니까?"

교수는 물리학과의 현실을 말했을 뿐이지만, 여학생에겐 매우 차갑게 들렸을 겁니다. 여학생은 결국 전공 선택을 다른 과목으로 바꿨습니다.

"그 교수님께서 조금만 용기를 북돋우는 조언을 해주었어도 물리를 포기하지 않았을 거예요."

그 여학생은 이렇게 말하지만, 제 생각은 조금 다릅니다. 누구에게 어떤 말을 들었든 자기 길을 결정하는 건 자기 자신입니다. 누구 때문에 진로의 방향을 튼 것이 아니라, 애당초 자신

천체물리학자 서은숙

이 가야 할 길이 무엇인지 알지 못했던 거죠. 자신에 대한 확신과 의지가 있다면, 누가 어떤 말을 하든 결국 그 길로 가게 되어 있습니다.

수학이나 컴퓨터 등을 못한다고, 스스로 과학자의 자질이 없다고 낙담하지 마세요. 학문이나 기술은 시간을 들여 배우면 됩니다. 과학자에게 필요한 자질은 호기심, 열정, 끈기입니다. 궁금한 것이 있으면, 밤을 새워서라도 풀어야겠다는 내부의 목마름은 과학자가 가져야만 하는 가장 중요한 자질이죠. 수학이나 컴퓨터 등을 잘 알면 편리하지만, 못한다고 해서 과학자가 될 수 없는 건 아닙니다. 이런 것들은 배우면 되는 겁니다. 하지만 호기심과 열정은 배워서 얻을 수 있는 것이 아닙니다. 또 끈기가 없다면 어려운 문제를 끝까지 붙들고 해결할 수 없습니다. 하늘은 스스로 돕는 자를 돕는다고 합니다. 능력이 좀 부족하더라도 끈기 있게 전력을 다하는 사람에게는 길이 열리지요.

과학자는 무엇을 보든지, 무엇을 하든지 과학적인 사고를 하는 사람입니다. 과학이 좋아서 무엇이든지 연구해야만 직성이 풀리는 사람에게 과학자라는 직업은 축복과 같아요. 반복되는 일상에서 벗어나 연구를 통해 새로운 것을 발견할 수 있고, 여러 사람과 함께 연구하여 공동의 목표를 이루었을 땐 아주 큰 성취감을 느낄 수도 있어요. 또 연구를 통해 알게 된 새로운 지식을 일반 사람들과 나눌 수 있는 것에도 기쁨이 있지요. 만약 다른 이에게 과학을 가르치고 싶다면 대학교수의 꿈을 꿀 수도 있어요. 대학교수는 하고 싶은 공부를 하면서 학생들을 가르치는 매우 이상적인 직업입니다.

　마지막으로 과학자의 꿈을 꾸는 여학생들에게 당부의 말을 드리고 싶습니다. 과학은 남자의 영역이라는 생각에 미리 포기하지 마세요. 과학은 여성, 남성을 가리지 않습니다. 물론 과학계엔 여성보다 남성이 훨씬 많지만, 그 수가 많다고 해서 남성이 여성보다 과학에 유리한 재능을 타고났다는 건 아닙니다. 남성이 많은 것은 타고난 요인이 아니라 사회적 요인에 기인한 것입니다.

　역사적으로 여성은 공부할 기회, 사회에서 자신의 능력을 발휘할 기회를 얻지 못했습니다. 지금은 예전보다 여성에게 더 많은 기회가 주어졌지만, 이미 남성이 과학계의 전반을 장악하고 있기에 여성이 자리를 잡는 건 여전히 힘든 일입니다. 하지만 여성 과학자가 많아질수록 과학이 남성의 영역이라고 믿는 편견은 사라질 것이고, 여성이 활동할 수 있는 영역은 더 넓어질 것입니다. 과학이 남자의 영역이라고 믿는 편견 때문에 낙심하지 말고 도전해보세요.

천체물리학자 서은숙

1956년 서울 출생. 서울대학교 약학/생화학 학사와 석사를 거쳐 미국 휴스턴 대학교에서 화학 박사학위를 마쳤다. 현재 미국 국립보건원National Institutes of Health 수석연구원, 에드워드 헤버트 의과대학 소아과Department of Pediatrics, F. Edward Hébert School of Medicine at USUHS 겸임교수, 미국 국립보건원 한인과학자협회Korean Scinetist at NIH 회장으로 활동 중이다. 재미여성과학기술자협회 회장을 역임했다(2016-18). 'KWiSE Outstanding Scientist award', 'Sigma Xi Graduate Student Research Achievement award', American Oil Chemist's Society 'Outstanding Paper award', Society for Biomedical Research award, 'Porcellati Lecturer for European Society for Neurochemistry' 등을 수상했으며, 지은 논문으로는 "On-line peptide sequencing by enzymatic hydrolysis, high performance liquid chromatography, and thermospray mass spectrometry"(J.Am.Chem.Soc, l984), "Docosahexaenoic Acid : A Positive Modulator of Akt Signaling in Neuronal Survival"(Proc.Natl.Acad.Sci, 2005), "Phosphatidylserine in the brain : Metabolism and function"(ProgLipidRes, 2014), "Orphan GPR110 (ADGRF1) targeted by N-docosahexaenoylethanolamine in delvelopment of neurons and cognitive function"(NatCommun, 2016) 등이 있다.

3

의생명과학자 김희용

✦ ✦ ✦

자연의 신비에 도전하며 느끼는 전율,
과학자의 힘

✦ ✦ ✦

나는 매 순간 과학자로 사는 삶에 감사함을 느낀다.
자연과 생체 안에는 많은 신비가 감추어져 있는데,
그 숨겨진 신비를 하나하나 알아내는 것이 얼마나 신나고
흥분되는 일인지 모른다. 그뿐인가.
과학자로서의 연구는 홀로 하는 것 같지만,
시공을 초월한 협력으로 열매를 맺는 일이기도 하다.
아무리 작은 것이더라도 내가 새로이 발견한
사실이 발표되어 세상에 나가는 건 인류의 지식 범위를
그만큼 넓히는 일이다.
그리고 언젠가 어디선가 이를 바탕으로 많은 이들이 지금보다 더
나아간 연구를 할 수 있도록 만드는 밑바탕이 된다.
그러니 어떠한 사실을 내가 통째로 다 발견하지 못해도 괜찮다.
지금 내가 최선을 다하면 동료 과학자들이나 후배 과학자들이 더 큰
발전을 이룰 수 있기 때문이다.

눈부신 자연의 아름다움 끝에 놓인 과학적 관심

✦

초등학생 시절, 수업을 마치고 집에 돌아온 어느 날이었다. 마침 부모님은 외출 중이었고 형제들은 아직 학교에서 돌아오지 않아, 오후의 햇살만이 텅 빈 집을 차지하고 있었다. 어쩐지 나른해졌다. 방에 가만히 눕자 장롱 위에 즐비하게 늘어선 예쁜 상자들이 눈에 띄었다. 상자들에 관심을 가지고 차례로 유심히 쳐다보았다. 그렇게 몇 분인가 지나서일 것이다. 놀랍게도 상자들이 하나씩 내려와 바닥에 일렬종대로 서더니 다시 하나씩 원래 있던 자리로 돌아가는 것이었다. 마음만 먹으면 몇 번이고 반복되던 그 현상이 신기해 상자들에 열심히 집중했던 기억. 이후로도 틈만 나면 나는 이 놀이를 즐겼다.

안타깝게도 나의 이 능력은 학년이 높아지면서 갑자기 사라지고 말았다. 아마도 내가 현실과 상상을 구분할 줄 아는 나

의생명과학자 김희용

이가 되었기 때문일 것이다. 그렇다고 상상의 나래가 완전히 접힌 건 아니었다. 나는 동화, 만화, 소설, 위인전 등 집에 있는 책을 닥치는 대로 읽었는데, 이러한 책들은 내가 알지 못하는 많은 것을 상상할 수 있도록 해주었다. 집에는 책이 많았다. 남달리 교육열이 높은 부모님 덕이었다.

아버지는 군인이라는 직업 특성상 여러 지역을 옮겨 다니셔야 했다. 어느 시기가 되자 오남매는 아버지를 따라 지방에 내려가는 대신 학군이 좋은 서울에서 계속 공부를 하게 되었다. 그러다 보니 아버지와 떨어져 사는 일이 많았지만, 주말이나 휴일에 아버지가 계신 관사로 놀러 가는 즐거움이 있어 좋았다.

아버지가 계신 부대 관사는 주로 시골이었기에 도시에서는 누리지 못하는 자연을 마음껏 누릴 수 있었다. 맑은 가을날 황금빛으로 일렁이며 끝없이 펼쳐진 전원은 어린 마음에도 눈이 시리도록 아름답게 느껴졌다. 시냇물에서 송사리를 쫓기도 하고, 숲에서 매미채를 가지고 매미와 메뚜기를 잡고 놀던 기억이 지금도 생생하다. 내게는 자연의 모든 것이 신기했다. 그땐 알지 못했지만 내가 자연 속에서 놀기를 즐겼던 것도 과학적인 관심과 연결되는 것이었다. 애당초 사람들이 과학을 학문화한 것은 자연현상에서 규칙성을 찾아내고 그것을 자연의 법칙으로 만든 것이었으니 말이다.

초등학교 2학년이 될 무렵, 이웃에 사는 친구 엄마가 간경화로 세상을 떠났다는 소식을 접했다. 내가 아는 사람의 죽음을 처음 경험한 사건이었다. 그 사건으로 나는 우리 인간에게 주어진 시간이 유한한 것임을 실감하고 당황했다. 하지만 정작 나를 더 놀라게 한 건 누군가가 죽었는데도 세상은 아무 일 없이 흘러가고 있다는 사실이었다. 아마도 그즈음 나는 나 아닌 다른 이가 함께 사는 세상, 그리고 생명과 자연의 이치에 관심을 가지기 시작했던 것 같다.

의생명과학자 김희용

밤의 정적 속에서 지구 도는 소리를 듣다

✦

부모님 말씀으로는 나는 네 살이 되기도 전에 글을 읽었다고 한다. 어린 나이에도 말을 조리 있게 잘해 일가친척과 주변 어른들로부터 영특하다는 칭찬을 꽤 들었다고 한다. 그렇게 자란 아이는 서울의 혜화초등학교를 다니는 내내 좋은 성적을 유지했다. 당연히 부모님은 내가 당시 명문으로 손꼽히는 경기여중 입학시험에 합격하리라 믿었다. 지금과 달리 당시엔 중학교도 입학시험을 치고 들어가야 했다. 그런데 낙방했고, 이 일은 내가 살면서 겪은 최초의 쓴 경험이었다. 비록 낙방을 했지만, 나는 기가 죽거나 자신감을 잃지는 않았다. 늘 나를 믿어주고 자랑스럽게 여긴 부모님이 단단하게 받쳐주었기 때문이다.

경기여중 대신 들어간 정신여중에서의 생활은 기대 이상으로 즐거웠다. 특히 이곳에서 만난 영어 선생님은 훗날 내가 미국 유학생활에 적응하는 데 큰 도움이 되어주었다. 내가 중학교에 다니던 시대엔 본토 발음을 구사하는 선생님이 드물었다. 그런데 우리를 가르쳤던 영어 선생님은 미군 부대에서 일한 경력이 있는 분으로 본토 발음에 가까운 영어를 구사했다. 덕분에 나는 처음부터 제대로 된 발음을 배울 수 있었다.

중학생 시절의 나는 꿈이 참 많은 소녀였다. 시인, 발레리나, 세계를 다니며 미지의 것을 탐험하는 탐험가 등 내 꿈은 수시로 바뀌었다. 수학이나 과학 과목 성적이 매우 좋았지만 그쪽 방면으로 무엇인가를 할 수 있다는 생각은 하지 못했다. 그런데도 경기여고에 입학하고 문과와 이과를 선택해야 했을 때, 나는 이과를 선택했다. 오로지 물리와 물리 선생님을 좋아해서였다.

"지구 돌아가는 소리가 들리니?"

어느 날 물리 선생님이 물으셨다.

"아, 그게 지구 돌아가는 소리였군요. 밤의 정적 속에서 제가 자주 들었던 소리가 있는데, 고주파 같은 소리였어요."

나는 감탄하며 외쳤다. 물리 선생님은 껄껄 웃었다. 내가 유달리 생각이 많고 상상력이 좋다는 것을 알아차린 선생님은 엉뚱하지만 재미있는 질문으로 자기 학생에 대한 유대감을 표현했던 것 같다.

당시엔 좋은 성적을 받는 이과반 학생은 대체로 의과대학에 갔다. 우리 가족 역시 당연히 내가 의대에 갈 것이라 여겼고, 내 생각도 다르지 않았다. 의사라는 직업은 아픈 사람을 도울

의생명과학자 김희용

수 있으니 보람이 큰 직업일 거라고 생각했고, 꿈 많은 소녀에게 의사는 그런대로 기대할 만한 목표이기도 했다. 그런데 이 목표는 사촌 언니를 병문안했던 고등학교 3학년의 어느 날 사라져버렸다.

사촌 언니는 복막염에 걸려 큰 수술을 받았다. 부모님과 병문안을 간 나는 병실에서 몸 여기저기 관을 삽입하고 누워 있는 사촌 언니의 모습을 보며 '힘들겠다, 돕고 싶다'라는 생각을 했다. 하지만 내 생각과는 무관하게 심한 메스꺼움이 느껴져 결국 밖으로 달려 나가 토를 하고 말았다. 그 순간 깨달았다. '나는 의사가 될 수 없겠구나.'

갑작스레 목표가 사라지는 바람에 한동안 내 안에 있는 중요한 뭔가가 빠져나간듯 허전했지만, 그렇다고 아주 막막하기만 했던 건 아니다. 그러기엔 내가 좋아하는 것, 하고 싶은 것들이 너무 많았다. 내가 대학 입학시험을 치를 당시 서울대학교는 처음으로 계열별 모집을 단행했는데, 이 제도는 1학년 때 교양과정을 수료한 후 2학년 때부터 자신의 전공과목을 정할 수 있는 제도였다. 당장 무언가를 정하지 않아도 된다는 사실이 마음에 들었다. 대학에 다니면서 앞으로 내가 진짜 공부하고 싶은 것이 무엇인지 찬찬히 생각해도 늦지 않을 테니 말이다.

유학생활의 암담함을 뚫은 발군의 실력

✦

서울대학교 자연계열 학생들은 1년의 교양과정을 수료한 후 문리대, 공대, 약대 중 하나를 지망할 수 있었다. 그때까지도 뚜렷한 진로를 결정하지 못했던 나는 자연계열 학생 수의 1%에 불과한 여학생들이 거의 반 이상 지원했던 약대를 자연스럽게 선택했다. 하지만 애초 학문적인 이유로 약대를 선택한 것이 아니었기에 크게 흥미를 느끼진 못했다. 그러다 보니 전공 수업에 매진하기보단 1학년 때부터 시작한 연극반, 영어회화클럽, 산악반 등 여러 동아리 활동을 쫓아다니며 시간을 보냈다.

그렇게 2년을 보내고 나니 '지금 내가 뭘 하고 있는 거지?' 하는 회의가 들었다. 전공인 약학에 대해서도 아는 게 없는 것도 문제였다. 그런 상태로 공부를 끝낼 수는 없었다. 기껏 대학에 들어와 전공 공부는 뒷전이고 다른 활동만 하다 졸업하게 되면 틀림없이 후회할 것 같았다. 3학년부터는 마음을 다잡고 전공 공부에 열중했다. 비록 뒤늦었지만 내가 제일 잘하는 것이 공부였고, 내가 미처 알아내지 못한 무언가를 공부를 통해 찾아낼 수 있다는 믿음도 있었다. 그래서 대학 3, 4학년을 다니는 동안 비교적 열심히 학업에 열중할 수 있었고, 내친김에 약학 대학원 석사과정까지 밟기로 했다.

약학 대학원 석사과정에서 내가 주로 연구했던 것은 천연물 생화학과 유기 성분 분석이다. 석사과정이 끝날 즈음엔 유기화학organic chemistry과 생화학biochemistry에 큰 흥미를 느껴 박사과정을 밟으며 연구하기로 했다. 그런데 마침 미국에서 유학 중이던 사람과 결혼하게 되었고, 나 또한 자연스럽게 미국에서 박사과정을 밟게 되었다.

미국에서 박사과정을 하려면 필수과목coursework을 기본적으로 수강해야 하고, 자신의 아이디어로 시작하는 연구를 수행해야 한다. 연구를 위해서는 먼저 관련 분야의 발표된 논문들을 읽고 연구계획을 세우고 발표하여 심사위원회Committee의 승인을 받은 후 실험을 수행하고, 그 결과를 학술지에 발표해야 한다. 최종적으로 이러한 연구결과들을 모아서 학위 논문의 형태로 만들고 다시 심사위원회의 승인을 받아야 하는데, 단계별로 지도교수Advisor와 심사위원들의 조언과 도움을 받을 수 있다. 이러한 일련의 과정을 거치면서 스스로 연구계획을 세워 논문을 작성하고, 다른 연구자들의 논문도 비판하고 평가할 수 있는 능력이 향상되면 독자적인 연구자로 성장할 수 있다.

박사과정 중 언어와 문화 장벽은 한동안 나를 좌절케 했다. 학창시절엔 영어를 열심히 공부한 데다 영어 발음도 성적도 좋은 편이었기에 영어를 잘한다고 생각했었다. 그건 내 착각에 불과했다. 미국에서의 첫 학기는 교수의 강의를 거의 알아듣지 못하는 암담한 상황 속에서 보내야 했다. 문장의 첫 부분을 겨우 이해할 즈음이면 교수님은 벌써 다음 문장을 이야기하고 있었고, 과제나 시험 범위도 겨우 무엇에 관한 것인지 알아듣는 정도의 수준이었기에 그와 관련된 모든 자료를 찾으며 밤새 공부에 매진해야 했다. 나중에 알게 된 사실이지만 당시 나는 교수가 이야기하지 않은 범위의 주제까지 공부했다. 결과적으로 잘 알아듣지 못해 쏟았던 노력 덕분에 교수님도 깜짝 놀랄 정도의 실력을 발휘할 수 있었던 것 같다.

의생명과학자 김희용

NIH에서 종신재직권을 받은 네 번째 여성 과학자

✦

내가 소속된 미국 국립보건원NIH은 세계적인 생의학연구소Biomedical research institution로 27개의 연구소와 센터로 구성되어 있다. 이곳의 목표는 사람들의 건강을 향상하고, 질병과 장애를 줄이고, 삶을 연장하는 것에 있다. 이를 위해 NIH는 생명체의 본질과 생활 시스템에 대한 근본적인 지식을 추구하고, 다양한 분야의 연구를 지원·수행한다. 또 NIH는 세계에서 생의학 분야의 연구비를 가장 크게 지원받는 공공기관이기도 하다. NIH의 2021년 예산은 약 430억 달러였고, 2022년 예산은 약 519억 6천만 달러로 상정되어 있다. 예산의 80% 이상이 연구비grant로서 일반 대학, 의과대학, 병원 및 미국 내외 연구기관의 과학자들에게 수여되고(원외 연구: extramural research), 약 10%는 NIH 내부 과학자들의 연구를 지원하는 데 쓰인다(자체 연구:

intramural research).

NIH의 자체 연구 프로그램은 정년 보장(또는 종신재직권, tenure)을 받은 1천여 명의 과학자들이 이끄는 독립적 연구를 중심으로 이루어져 있다. NIH 자체 연구 프로그램에서의 정년 보장이란 선별된 과학자의 연구성과와 잠재력에 대해 종신토록 급여와 독립된 연구비를 보장하여 장기간 안정적이며 생산적인 연구가 가능케 하는 제도이다. 정기적으로 연구비 신청서 grant proposal를 제출하여 경쟁적으로 연구지원을 받아야 하는 원외 연구와는 달리 지속적인 지원을 받기 때문에, 정년 보장을 받은 연구자들은 장기적이면서도 위험 부담이 높은 연구를 지향할 수 있다.

이 같은 제도는 인류 건강에 도움을 주는 획기적인 생의학 연구를 가능하게 만들었다. 대표적인 예로 이곳에서 개발한 HIV 치료제가 있다. HIV 치료제 개발로 20대에 HIV 판정을 받은 환자들이 이제는 정상 수명을 기대할 수 있게 되었다. 최근 코로나19 mRNA 백신 개발도 NIH의 지원을 받는 과학자들의 공헌이었다. 수많은 노벨상 수상자가 NIH의 지원을 받은 과학자들이다.

하지만 NIH에서 정년 보장을 받기는 몹시 어려워 지금까지 한국인으로서 정년 보장을 받은 과학자 수는 열 명 안팎이다. 이 열 명 중 내가 들어 있는데, 한국 여성 과학자로는 네 번째라고 한다. 이곳에서 나는 뇌의 작용기전에 관한 연구를 진행 중이다. 생물체는 세포 안이나 밖으로부터의 발생하는 여러 가지 신호들을 받아 전달하며 서로 작용함으로써 제 기능을 발휘하고 존재하는데, 세포신호 연구는 그 기전을 연구하는 학문을 지칭한다. 생체의 생리적인 신호 기전을 연구함으로써 건강한 신체를 유지하는 방법을 찾을 수 있고, 또 질병의 원인을 규명할 수도 있다. 또한 그 지식을 바탕으로 질병 치료의 표적이 되는 기전을 찾아 치료법과 치료제를 개발할 수도 있다.

자연의 신비에 도전하며 느끼는 전율, 과학자의 힘

✦

　박사과정 연구를 하고 있을 때였다. 나의 지도교수님은 이미 LC/MS^{liquid chromatography/mass Spectrometry, 액체 크로마토그래피/질량 분석기}를 이용해 몇몇 아미노산 등 작은 분자를 측정하는 데에는 성공을 거두었지만, 생화학이나 생물학 연구를 위해 정작 필요한 단백질이나 핵산 등 고분자 화합물의 분석은 아직 성공하지 못한 상황이었다.

　실험실의 기기들은 교수님이 연구한 이론에 따라 고안된 부품들을 손수 디자인해 만들었는데, 여러 디자인을 테스트해야 했으므로 기기는 2주 이상 한 형태로 있지 못했다. 이런 조건에서 기기를 사용하여 단백질 펩타이드^{peptide}가 효소에 의해 분해되어 생기는 아미노산을 측정해 펩타이드 서열을 알아내는 게 나의 과제였다.

의생명과학자 김희용

그러던 어느 일요일, 갑자기 한 아이디어가 떠올랐다. 어렵겠지만, 기기의 조건을 바꾸고 스캔 범위를 높여 작은 분자인 아미노산 대신 좀더 큰 펩타이드를 탐색해보는 방법이었다. 아이디어가 떠오르자 그대로 집에 있을 수가 없었다. 바로 한 살도 안 된 아들을 유모차에 싣고 실험실에 가서 기기를 켜고 내 생각대로 이런저런 조작을 해보았다.

그 결과는 성공적이었다. 시료로부터 막연히 기대했던 펩타이드 시그널을 잡아낸 것이다. 그때 느꼈던 전율이라니…. 과학자가 실험을 그만둘 수 없는 것도 바로 이 이유일 것이다. 그리고 이때 얻은 결과는 내 학위논문의 주를 이루었는데, 미국 화학계의 선두저널인《JACS》에 게재되어 다른 이들에게도 이 분야 연구의 길잡이가 되어주었다. 또《PNAS미국 국립과학원 회보》에 논문을 발표한 일도 내겐 짜릿한 경험이었다.

종신재직권Tenure을 받은 과학자가 된 이후, 뇌의 주요 오메가-3 지방산인 도코사헥사에노익산docosahexaenoic acid, DHA이 뇌에 미칠 수 있는 영향에 큰 관심과 흥미를 느껴 그 기능과 기전을 연구하기 시작했다. 그런데 DHA는 처리과정에서 쉽게 산화되고 분해되어 연구하기가 아주 힘든 성분이다. 실험과정에서 일어나는 인위적 변화를 방지하기 위해 철저하고 일관된 통제가 필요하다. 게다가 DHA는 지질이므로 난이한 문제여서 생체 실험을 하기 어려웠다.

이처럼 여러 이유로 도코사헥사에노익산의 기능과 기전에 대한 명백한 결과를 얻는 일이 순조롭지는 않았다. 하지만 박사과정에서 습득한 LC/MS 지식을 바탕으로 지방산들을 중심으로 한 연구에 많은 도움을 주는 새로운 분석방법들을 개발한 것은 쾌거였다.

《PNAS》에 발표한 논문은 최초로 DHA가 뇌에 미치는 영향에 관해 과학적으로 확실한 분자적 근거를 밝혀낸 것이었다. 오메가-3 지방산이 건강에 미치는 영향은 오래전부터 알려져 있었으나 그 작용기전은 불분명했기에 규명이 필요했다. 나는 지질의 신호전달 기전을 연구해 뇌의 지질 중 주성분인 오메가-3 지방산인 DHA가 재생이 거의 불가능한 뇌신경세포의 생존을 유지하는 기전을 규명해냈다. 또한 DHA의 대사물질인 시냅타미드synaptamide가 수용체 GPR110의 생체 내 리간드임을 밝히고, 그를 통해 신경세포의 발달에 큰 영향을 미친다는 기전을 처음으로 규명하기도 했다. 이 논문은 자연과학 전문지인 《네이처Nature》에 발표되었다.

과학자로서 짜릿함을 느끼는 때는 세상에 알려지지 않은 사실을 찾아 그것을 밝혀내는 순간이다. 미답의 땅에 제일 먼저 들어가 황금을 발견하고 뒤에 오는 사람들에게 "이곳에 황금이 있어"라고 말하는 개척자들의 느낌이 이랬을까.

그렇다고 과학자가 연구실에서 실험에만 매달리는 것은 아니다. 내 경우엔 논문이나 연구비 신청서를 읽거나 평가하고, 저널에 투고할 논문을 쓰고, 프레젠테이션을 준비하고, 행정 사무를 처리하는 일들을 일상적으로 하고 있다. 또 연구과정과 결과를 함께 검토하고 계획을 수정 보완하는 스태프들과의 개인별 미팅, 일주일에 한 번 하는 랩 미팅, 공동연구를 위한 국내외 과학자들과의 미팅, 국내외 학회 및 대학 강연, 연사를 초빙해서 강연을 듣는 세미나 등으로 바쁜 시간을 보낸다. 이 모든 일은 소통과 관련 있다. 실험실에서 연구해 새로운 사실을 알아내는 것도 결국 세상에 그 사실을 알리기 위해서니까.

어느 순간 과학 연구는 내 삶의 일부가 되었다. 나를 답답하게 만드는 건 행정 업무나 보고서 등을 쓰느라 퇴근 시간을 훌쩍 넘기는 일 같은 게 아니다. 내가 하는 연구가 잘 풀리지 않아 오랫동안 막혀 있을 때 답답해진다. 이럴 땐 문제 상황에서 잠시 벗어나 좋아하는 책을 읽거나 가족이나 친구들과 맛있는 저녁을 먹으며 시간을 보내는 것으로 해소한다. 조용한 음악을 들으며 일기를 쓰는 것도 스트레스 해소법 중 하나다.

사실 오랜 시간 연구에 매진한다는 건 쉬운 일이 아니다. 끝없는 인내와 끈질김을 요구하기 때문이다. 게다가 내게 주어진 모든 시간을 온전히 연구에만 집중할 수도 없다. 하지만 나는 매 순간 과학자로 사는 삶에 고마움을 느낀다. 자연과 생체 안에는 많은 신비가 감추어져 있는데, 그 숨겨진 신비를 하나하나 알아내는 것이 얼마나 신나고 흥분되는 일인지 모른다. 그뿐인가. 과학자로서의 연구는 홀로 하는 것 같지만, 시공을 초월한 협력으로 열매를 맺는 일이기도 하다.

아무리 작은 것이더라도 내가 새로이 발견한 사실이 발표되어 세상에 나가는 건 인류의 지식 범위를 그만큼 넓혀주는 일이다. 그리고 언젠가 어디선가 이를 바탕으로 많은 이들이 지금보다 더 나아간 연구를 할 수 있도록 만드는 밑바탕이 되어준다. 그러니 어떠한 사실을 내가 통째로 다 발견하지 못해도 괜찮다. 지금 내가 최선을 다하면 동료 과학자들이나 후배 과학자들이 더 큰 발전을 이룰 수 있기 때문이다.

의생명과학자 김희용

마음을 정하고 정진한다면 가능성이 열려 있는 약학

✦

　약학은 인체의 건강을 보존하거나 질병으로부터 치유하기 위해 사용되는 약물이나 의약품에 대한 기초 또는 응용 연구를 하는 학문이다. 세분된 특정 분야를 깊게 공부하는 많은 자연계 학문과는 달리, 약학은 약 전반에 대한 전문 지식을 쌓기 위해 약에 관련된 다양한 분야를 두루 공부한다. 약학대학을 졸업하고 약사 고시에 합격하여 약사 자격증을 받으면 대부분 약국이나 병원, 제약회사 또는 정부기관에서 약사로 업무를 수행하게 된다. 그런데 만약 신약개발 쪽에 관심이 있다면, 대학원 과정에서 화학이나 생화학, 물리학 등 전문적 기초 학문을 더 추구해 그쪽 방면으로 나갈 수도 있다.

　나 역시 인체 내 생리적 기전을 연구함으로써 새로운 약물의 표적을 발견하고, 그 지식을 바탕으로 약품개발 연구를 해왔는데, 그럴 수 있었던 건 약대 졸업 후 대학원 과정에서 화학과 생화학을 전공했기 때문이다. 만약 약 전반에 대한 전문 지식 외에 특정 분야에 대해 심화된 연구를 원한다면, 해당 과정을 전공하는 대학원으로 진학해 공부하는 방법도 있다. 미국에서는 약사가 되기 위해 전문약사doctorate of pharmacy, Pharm. D 학위를 획득하게 되는데, 약사는 임상시험, 의약품의 개선, 신약개발 등 다양한 방면에서 중요한 역할을 수행할 수 있다. 이 밖에 개인맞춤의학personalized medicine, 약리유전학pharmacogenetics 등 최신 첨단 임상연구에서도 약사의 활약이 요구된다.

나는 지난 30여 년간 뇌에 많이 함유된 지질인 오메가-3 지방산으로부터 유래하는 뇌 발달 및 보호 효능과 그 생체 작용기전을 규명하는 일을 해왔다. 지금은 그 기전들을 바탕으로 뇌 손상 치료제를 개발하고자 많은 유사체를 만들어 미국과 유럽에서 특허를 받아놓은 상황이다. 하지만 아직 동물실험에서 효과가 있는 화합물들을 인체에 적용하는 단계가 남아 있기에 앞으로는 이 일을 할 계획이다. 또 우리가 발견한 대사체의 작용기전을 이용하여 적절하지 못한 뇌세포 발달로 인해 야기되는 정신질환을 규명하는 연구도 진행 중이다.

연구를 진행하다 보면 가끔 여성이 남성보다 더 과학에 적합하다고 느낄 때가 있다. 과학적 문제를 해결하는 과정에서 여성은 조심스러우면서도 꼼꼼하게 접근하는 경향이 있어서다. 하지만 이러한 경향과 별도로 여성의 과학계 진입은 그리 쉽지만은 않다. 아직도 여성은 과학에 약하다는 선입견이 존재하고, 이러한 선입견은 여성 스스로 과학을 지레 포기하게 만들기도 한다.

내가 청소년기를 보냈던 1970년대 초반의 한국은 지금보다 더 여성에 대한 편견이 강한 사회였다. 당시엔 활발하게 활동하는 여성 과학자도 많지 않았을 뿐 아니라 과학자를 꿈꾸는 여학생도 그다지 많지 않았다. 한 예로, 내가 서울대학교 자연계열에 입학했던 1974년만 해도 1천3백여 명의 학생 중 여학생은 고작 13명에 불과했다. 또 박사과정 지도교수님은 단지 내가 여성이라는 이유만으로 나를 당신의 제자로 받아들이기를 주저하고 탐탁지 않게 여겼다. 대놓고 표현하지는 않았지만, 그분은 내가 물리나 공학 지식(그것도 내가 학부나 석사 과정에서 제대로 공부해본 일이 없는)이 부족할 것이라 미루어 짐작했다. 기기의 부품을 조합할 때도 필요한 강인한 신체를 가지지 못했으니 남학생보다 잘 해내지 못할 것이라 여겼다.

하지만 나는 깊게 생각해 뭔가 하기로 마음을 정한 후엔 무섭게 정진하는 사람이었다. 비록 그 당시 확실한 목표를 정한 것은 아니었으나, 서울대 자연계열에 입학한 이유도 과학을 좋아하고 잘 해낼 자신이 있었기 때문이다. 지도교수님이 어떠한 편견을 가지고 있든 나는 최선을 다해 공부했고, 그 결과 거의 모든 과목에서 우수한 점수를 받아낼 수 있었다. 또 무겁고 큰 부품들을 분해하거나 조립할 때도 어지간해선 여러 도구를 활용해 혼자의 힘으로 해냈고, 내 힘만으로 도저히 가능하지 않았던 일들은 (단지 몇 번에 불과했지만) 남학생들의 도움을 받되,

그에 대한 대가로 내가 할 수 있는 다른 일을 도와주는 식으로 공생의 길을 선택했다.

이러한 과정을 지켜본 지도교수님은 더는 내가 여학생이라 하지 못하는 일이 있을 거란 생각을 하지 않았다. 심지어 교수님은 어디에서나 나를 당신의 최고의 제자라고 소개하시며 칭찬을 아끼지 않았다. 당시 유명한 과학자였던 지도교수님의 높은 평가를 받아서인지 나는 젊은 나이에 남성 중심의 질량분석학회Mass Spectrometry Society 이사회board of directors에 선출되기도 했다.

하지만 남녀 차별적 문화는 생각보다 끈질기게 내 인생 곳곳에 따라붙곤 했다. 학생 때는 성적으로 그나마 능력을 증명할 수 있다손치더라도 사회나 조직에선 여성 과학자가 자신의 능력을 증명하는 게 그리 만만치 않다. 사회나 조직은 여성 과학자에게 관대하지 않으며, 여성 과학자가 자신의 실력을 발휘할 기회조차 주지 않는 경우가 많다.

무엇보다 여성 과학자를 향한 시선은 선입관과 편견으로 점철되어 있다. 학회에 가면 종종 이를 체감할 수 있다. 포닥(박사후연구원)들과 학회에 가면 남성 포닥들은 으레 내가 학생인 줄 안다. 반면 내 포닥들을 내 보스라 생각하고 나와 직접 대화하는 것을 불편해하는 기색이 역력하다. 또 여성 과학자는 같은 수준의 남성 과학자보다 낮은 연봉을 받는 경우가 흔하다. 나도 처음엔 그 사실을 몰랐기에 내 연봉이 같은 수준의 남성 과학자보다 턱없이 낮다는 사실을 뒤늦게야 깨닫고 바로잡을 수가 있었다.

　대체로 여성 과학자는 자기 업적을 선전하거나 자신의 가치를 협상하는 것에 불편함을 느끼는데(과학자 사회에서도 이런 점은 여성에게 불리하게 작용하는 경우가 빈번하다), 이를 피하려면 여성도 자신의 정당한 몫을 당당하게 요구할 수 있어야 한다. 이는 단지 연봉을 좀더 많이 받고 못 받고의 문제가 아니라 다음 세대의 여성 과학자들을 위해서도 필요한 일이다.

　특히 남성의 수가 월등히 많은 분야에서 일하는 여성은 본의가 아니더라도 눈에 잘 띄는 조심스러운 상황이어서 모든 일에 소극적이고 위축될 수 있다. 그러나 이러한 편견과 상황들은 여성에게 유리하게 작용하기도 한다. 편견을 깨뜨리고 능력을 인정받으면 오히려 남성보다 더 쉽게 발탁될 가능성이 있기 때문이다. 그러므로 어떤 상황에서도 꿋꿋이 소신을 가지고 당당하게 최선을 다하는 것이 중요하다.

꿈을 포기하지 않는 엄마에게 주어지는 선물

✦

일가친척 하나 없이 우리 부부 둘뿐이던 미국에서의 삶은 광야 생활처럼 낯설고 힘들었다. 언어와 문화의 장벽은 높기만 했고, 무엇 하나 쉬운 게 없었다. 하지만 세상 모든 일이 그렇듯 그 끝은 있기 마련이다. 비록 꽤 많은 시간이 걸렸지만, 우리 부부는 언어와 문화의 장벽을 그런대로 극복하고 지금은 선물 같은 일상들을 누리고 있다.

따지고 보면, 이 세상에서의 삶은 각 개인에게 주어진 신의 선물인 것 같다. 다만 각자에게 주어진 고유한 삶에서 자신만의 길을 찾고, 또 그 길에서 행복을 느끼는 것은 개개인의 노력 여하에 달렸다. 내 경우에 내가 찾은 길은 과학이었다. 과학자로서 의미 있는 삶을 살고 싶었고, 온 정성을 다해 과학 연구에 매진하고 싶었다. 그랬기에 출산이나 육아에 대한 두려움이 없지는 않았다.

'아이를 낳은 후에도 내가 하고 싶은 공부를 할 수 있을까?' 첫아들은 박사과정 중 태어났다. 남편과 나, 둘만 있는 미국에서 학생 신분으로 아이를 키우는 건 엄청난 도전이었다. 그렇다고 학업을 포기할 수는 없었기에 백일도 안 된 아기를 학교에서 운영하는 유아원에 맡겼다. 당시(1980년대 후반) 미국은 지금처럼 출산·육아 휴가제도가 잘 마련되어 있는 편이 아니었다. 제왕절개를 하고도 6주 만에 학교에 나가야 했다. 박사과정을 밟으며 교육조교teaching assistant도 병행하고 있었기 때문이다.

고작 생후 3개월부터 집 밖으로 내보내진 아기는 늘 감기에 걸려 있었고, 아기의 항생제 복용이 끝날 즈음이면 내가 감기에 걸려버리곤 했다. 아기와 감기를 주고받는 일은 거의 1년 동안 반복되었다. 게다가 아기는 밤에 수시로 깨어나 보챘기에 제대로 된 잠을 잘 수 없었다. 매일 서너 시간만 자는 나날이 반복되자 나는 하루가 다르게 지쳐갔다. 육아와 가사를 꽤 잘 도와주던 남편조차 내게 학업을 중단하라 종용할 정도였다. 아기에게 늘 미안했고, 몸은 힘들었다.

하지만 내겐 학업을 그냥 접을 수 없는 절박함이 있었다. 학업은 먼 타지에서의 힘든 현실을 잊게 해주었고, 공부밖에 모르던 나를 익숙한 세상으로 데려다주는 길잡이 같은 거였다. 정신적으로나 신체적으로 한계에 도달했지만 포기할 수 없었다. 그렇게 1년을 견뎌냈더니 고맙게도 아이는 면역이 생겨 더는 아프지 않게 되었고, 자연스럽게 내 건강도 회복되어 공부를 계속할 수 있었다.

하지만 이 또한 오래가지는 않았다. 포닥 시절에 태어난 둘째아들은 첫째아들보다 더 예민한 편이라 유아원에서 종일 엄마를 찾으며 토하고 울었다. 음식물을 잘 먹지 못해 체중이 줄어가는 아이를 보며, 이번엔 진짜로 일을 그만두어야 하나 고민했었다. 그런데 기적처럼 내 아이를 잘 이해하고 돌보는 새 유아원 보모를 만나게 되었고, 나는 일을 계속할 수 있었다.

과학자로 살면서 육아를 병행하는 건 확실히 힘든 일이었고, 연구에 매진하는 데에 장해가 되지 않았다고 할 수는 없다. 그나마 다행이었던 건 남편이 그 시대 사람으로서는 드물게 집안일을 나누어 했다는 것이다. 그는 내가 과학자로서의 경력을 쌓아가는 데 지지를 아끼지 않았다.

남편은 수년간 미국 식품의약청FDA의 수석연구원으로 재직하다가 최근 퇴직했다. 그 또한 과학자이기에 과학자의 고충과 과학자로서의 꿈을 충분히 이해하고 있었다. 남편이 아니었다면 아이들을 정상적으로 키우기 힘들었을 것이고, 내 꿈도 제대로 키워내지 못했을 것이다. 나와 남편이 같은 분야에서 일하기 때문에 가진 단점이 있다면 우리 둘 다 다른 분야에 대해서는 잘 모른다는 것이다. 만약 우리 둘 중 한 사람이 사업을 하거나 경제를 아는 사람이라면 시야를 좀더 넓힐 수도 있을 것이고, 과학과 접목한 또 다른 꿈을 꿀 수도 있지 않았을까 생각해본 적도 있다. 하지만 아쉬움은 없다. 나는 내게 주어진 단 하나의 삶에 충실하려고 노력할 뿐이다.

지금 내 아이들은 훌쩍 자라 어른이 되었고, 이제 내게 육아는 과거의 일이 되어버렸다. 하지만 후배 과학자 중 당시 내가 걸었던 길로 들어서며 힘들어하거나 불안해하는 모습을 볼 때면 이렇게 말해주곤 한다.

"유학생이 공부하며 아이를 낳아 키우는 건 보통 힘든 일이 아니지요. 더군다나 주변의 도움을 받을 수 있는 상황도 아니면 포기하고 싶은 마음도 들 수 있을 거에요. 나도 그랬으니까. 그런데 내가 그 과정을 이겨낸 건 내가 특별한 사람이어서가 아니라 꿈을 포기하지 않는 엄마였기 때문이었어요. 그러니까 당신도 육아 때문에 절대로 꿈을 포기하는 일이 없었으면 좋겠어요. 간절하면 통한다고 하잖아요. 너무 힘들면 요즘 시행되고 있는 모든 제도와 규정을 잘 알아보고 활용해서 잠시 쉬어가는 것도 한 방법일 거예요. 쉬는 동안 아이에게 듬뿍 사랑을 주고, 엄마로서의 기쁨도 누리면서."

만약 지금 다시 예전으로 돌아간다고 해도 나는 똑같은 선택을 했을 것이다. 지금의 남편을 만나 우리 아이들을 낳고, 그 아이들을 맡아 키울 것이다. 아이를 키우는 건 분명 힘들고 어려운 일이지만 그 과정에서 나는 몇 단계 더 많이 성숙했다. 무엇보다 인생에서 중요한 것이 무엇인지 그 우선순위를 찾고 정리하고 선택하는 법을 배울 수 있었다. 그렇기에 육아는 어렵지만, 가능하다면 한 번은 해볼 만한 도전이라 생각한다.

~~~~~~~~~~~~~~

과학 말고도 '소통법'에 관심을 가지세요

과학자를 꿈꾸는 학생이라면 먼저 자기 자신에게 질문을 던져보세요.

"나는 정말 과학을 좋아하는가? 과학에 재능이 있는가?"

자기 자신에 관한 질문은 자신만이 던질 수 있고, 그 대답 또한 자신만이 할 수 있어요. 내가 아닌 세상 그 어떤 사람도 내가 정말 좋아하는 것이 무엇인지 알지 못해요. 또 세상 그 어떤 사람도 내가 그 일을 해낼 수 있는지 알지 못하죠. 나에 대해 가장 잘 알고 있는 건 나 자신이며, 나를 움직이게 하는 것도 나 자신이기 때문입니다. 그러니 주변의 누군가가 설혹 "과학자가 되고 싶다고? 네가? 말이 돼?" 같은 말을 한다고 해도 휘둘릴 필요는 없어요. 사회적 환경, 외부적 압력 등에 주눅 들 것도 없어요. 정말 중요한 건 본인의 생각과 의지입니다.

물론 어려움이 있을 수 있어요. 하지만 다른 모든 일도 마찬가지예요. 삶에서 쉬운 일은 없고, 적당히 해도 되는 일 또한 없어요. 과학뿐 아니라 무엇을 하든 시련은 있기 마련이에요.

의생명과학자 김희용

그래서 무언가를 선택할 때 이왕이면 내가 좋아하는 것을 선택하는 게 최선인 거죠. 그게 과학이라면, "과학자가 되는 것은 다른 직종보다 어렵다. 특히 여자는 더 어려울 것이다"라는 편견을 과감히 버려요.

과학자에게 요구되는 자질은 자연에 대한 호기심과 관찰력, 객관적 분석과 판단능력, 새로운 것을 받아들이는 열린 마음, 어려움을 견뎌내는 회복탄력성resilience이에요. 이러한 자질에 더하여 끈기를 가지고 한계를 극복하고 새로운 관점에서 창의력을 발휘한다면 성공적인 과학자가 될 수 있어요. 그런데 위에서 열거한 자질들보다 더 중요한 건 과학을 좋아하는 마음이에요. 좋아하는 마음과 기본적 재능이 있다면, 과학자에게 요구되는 자질을 노력으로 키워나갈 수 있기 때문이죠.

과학 중에서도 약학에 관심 있는 학생이 있다면, 과학이나 수학 공부 외에도 '소통법'에 대해 관심을 가질 필요가 있어요. 미국 약학대학의 경우, 약대생들의 서면 및 구두 소통능력을 키우고, 과학 분야 외 활동을 장려하고 있어요. 환자나 의료봉사자들과의 원활한 소통을 위해서죠.

미국의 약학대학 과정은 보통 6년에서 8년이 소요돼요. 약학대학은 두 가지 경로로 진학할 수 있어요. 하나는 약대를 미리 진로로 정한 학생들이 2년제 필수 기초과정을 성공적으로 마치고 바로 4년제 약학 과정으로 진학하는 것이죠. 다른 하나는 4년제 일반 대학을 졸업한 후 약학대학에 진학하는 거예요. 뒤늦게 약학대학에 진학한 학생들은 약학 과정에 필요한 기초

과학 과목들을 이수한 후, 약대 입학시험을 치러야 해요. 미리 약대를 진로로 정한 학생들에 비해 그 과정이 더 까다롭기는 하죠.

약대를 졸업한 후 선택할 수 있는 진로는 다양해요. 지역 약국 약사나 병원 약사 외에도 학술 연구 등에 종사하는 과학 자의 길을 택할 수 있어요. 혹은 내 경우처럼 의생명과학자로 진로를 택할 수도 있죠. 이 경우엔 박사과정을 밟으며 좀더 심 화된 연구를 해야 해요. 어떤 길을 선택하든 그건 자유예요. 하 지만 이 모든 것에 선행해 가장 중요한 것이 있어요. 바로 내가 정말 이 일을 원하고, 잘 해낼 수 있는 사람인지를 알아내는 일 이죠. 그래서 자기 자신에게 제일 먼저 질문을 던지고, 그 답을 찾아야 한다고 말한 거예요.

과학자라는 직업은 정말 매력적이에요. 기존의 지식을 바 탕으로 자신의 상상력과 창의력을 발휘해 아직 아무도 알지 못하는 미지의 세계에 도전하고, 그 도전으로 감추어져 있던 자연의 진리를 발견하는 기쁨을 맛볼 수 있기 때문이죠. 이러한 기쁨을 느끼고 싶다면 망설이지 말고 당당하게 도전해보세요.

의생명과학자 김희용

1970년 서울 출생. 이화여자대학교에서 물리학을 공부한 뒤 미국 버펄로주립대학교에서 물리학 박사학위를 마쳤다. 이후 20여 년이 지나는 동안 미국, 유럽 그리고 한국에 걸쳐 세계적인 반도체공학자로 이름을 떨치고 있다. 미국 IBM 석학엔지니어Distinguished Engineer로서 반도체 연구 개발 활동을 했고, 2019년 벨기에 국제반도체연구소imec, Interuniversity Microelectronics Centre 부사장을 거쳐 현재 한국 SK하이닉스에 부사장으로 재직 중이다. 대표적인 연구로는 고유전율 금속 게이트, FinFET 및 Nanosheet 개발을 포함한 스마트폰과 최첨단 컴퓨터 칩에 들어가는 여러 세대의 최첨단 반도체 기술 연구개발을 성공적으로 이끌었다. 수많은 연구 논문을 공동 저술했으며 미국 및 국제 특허를 여러 개 보유하고 있다.

4

반도체공학자 나명희

✦ ✦ ✦

다양한 아이디어와 가치가 합쳐져 이루는 세상

◆ ◆ ◆

세상의 그 어떤 일도 여자란 이유로,

남자란 이유로 할 수 없는 일은 없다.

다만 내가 하고 싶은 일의 현실이 어떤지 정도는 파악할 필요가 있다.

설혹 그 현실이 여자 혹은 남자에게 불리하다고 할지라도

진짜 하고 싶은 일인지, 아닌지를 따져 실행하면 된다.

성별에 상관없이 누구나 과학의 길로 들어서는 건

변화무쌍한 세계에 발을 디디는 것과도 같다.

기술은 늘 변화하기에 오늘 존재하는 게 내일도 존재할 것이라는

보장이 없다. 오히려 기존에 없던 것을 새롭게 찾는 것이

과학자들의 역할이기도 하다.

처음 가보는 길엔 어떤 위험이 있는지 우리는 알 수 없다.

또 오랜 시간 공들여 연구했던 개발품이라도

그 결과를 당장 알 수 없기에 불안하고 혼란스러울 때도 있다.

하지만 장기적으로 봤을 때 과학자는 큰 변화를 주도할 수도 있고, 자

신의 손으로 더 나은 미래를 만들어 갈 수도 있다.

이것이야말로 과학의 가장 큰 매력이 아닐까 싶다.

평범한 아이에게 특별한 꿈을 심어준 독서

✦

어린 시절 나는 공부를 별나게 잘한 것도 아니었고, 그렇다고 운동이나 예능에 재능이 있는 것도 아니었다. 그저 책을 좋아하는 평범한 아이였다. 책을 읽는 동안엔 현실과 다른 또 하나의 세상에 발을 들인 느낌이었다. 글은 내 머릿속에서 입체적으로 움직여 세상을 지었고, 작가가 다 해주지 않은 이야기를 덧붙여 지어내기도 했다. 책은 평범했던 아이가 상상의 나래를 마음껏 펼쳐 특별한 세계로 들어서게 하는 통로였고, 나는 기꺼이 그 문을 열고 들어가기를 즐겼다.

그러던 어느 날 읽게 된 책 한 권이 내게 꿈을 주었다. 알베르트 슈바이처의 생애를 다룬 위인전이다. 슈바이처 박사는 의사로 1952년 노벨 평화상까지 수상한 유명한 사람이다. 그런데 슈바이처 박사는 처음부터 의학을 공부한 사람이 아니었다. 그는 학창시절 신학과 철학을 전공했다. 그런데 아프리카의 참혹한 현실을 목격한 이후 서른 살 나이에 다시 의과대학에 진학한다. 아무리 아파도 돈이 없어 진료를 받을 기회조차 없는 사람들을 위해서였다.

"나는 30세가 될 때까지 학문과 예술을 위해 살도록 허락받았다. 그 후에는 직접 인간에 대한 봉사에 이 몸을 바치리라."

슈바이처는 의사가 되기 전에도 늘 이러한 생각을 해왔다고 한다. '다른 이를 위해 봉사하는 삶'이란 말이 아이의 가슴에 와 꽂혔다. '나도 누군가에게 도움을 주는 사람이 될 수 있을까?'

슈바이처는 30대 이후의 삶을 '봉사하는 삶'으로 정하고 '어떻게 봉사할 것인가'를 고민했다고 한다. 무언가를 하고자 하는 마음은 누구나 쉽게 가질 수 있다. 하지만 그것을 어떻게 실천할 것인가를 고민하고 실천하는 건 그렇게 쉬운 일은 아니다. 그래서 조선시대의 대학자 정약용은 실천하지 않는 지식이나 마음은 존재하지 않는 것이나 마찬가지라 했을 것이다. 물론 어린 시절엔 이런 생각까진 하진 않았다. 그저 슈바이처처럼 마음이 훌륭한 의사가 되어 다른 이를 위해 봉사하는 삶을 살고 싶다는 막연한 바람을 가졌을 뿐이다.

이러한 바람은 시간이 흐르면서 좀더 구체적인 계획으로 자리 잡기도 했다. '국경없는의사회'라는 단체가 있다는 걸 알면서부터다. 국경없는의사회는 의료 지원을 받지 못하거나 무력 분쟁, 전염성 질병, 영양실조, 자연재해 등으로 고통받는 사람들을 위해 긴급구호 활동을 펼치는 국제 인도주의 의료구호단체다. 의사가 된다면 국경없는의사회의 일원으로 의료봉사를 하리라 마음먹었다.

이러한 생각은 꽤 오랫동안 내 마음속에 한 자리를 차지하고 있었다. 하지만 점점 성숙하면서 나의 꿈은 지나가는 바람처럼 사라지고 대신 그 자리를 과학이 채웠다. 그렇다고 슈바이처 박사의 철학까지 잊은 것은 아니었다. 유복한 가정에서 마음껏 하고 싶었던 것을 할 수 있었던 것에 늘 미안하게 생각하고, 자신의 행운을 사회에 환원해야 한다고 생각했던 그의 철학은 지금도 내 가슴 한구석에 생생하게 살아 있다.

반도체공학자 나명희

어머니 덕분에 모든 걸 할 수 있었던 어린 시절

✦

아버지는 대학교에서 정치학을 가르치는 교수였다. 우리 집은 비교적 넉넉한 형편이었지만, 전업주부인 어머니의 절약 정신 덕에 물질적으로 풍족하게 살진 않았다. 하지만 어머니는 베풀어야 할 땐 베풀 줄 아는 넉넉한 분이었고, 사람을 좋아해 집은 늘 사람들로 북적거렸다. 그런 환경 속에서 나는 그저 행복하기만 하면 좋았던 아이였다. 딱히 부족한 것도 없었지만, 설혹 뭔가가 부족했다 하더라도 부족함을 느끼지 못했다. 나를 든든하게 지원해준 어머니가 늘 곁에 있었으니까.

"뭐든 마음만 먹으면 할 수 있어. 네가 하고 싶은 건 다 하고 살아."

어머니의 어린 시절은 지금보다 더 남녀 차별이 만연한 분위기였고, 그 때문에 하고 싶어도 할 수 없는 일들이 많았다.

호모사이언스

그래서인지 어머니는 당신의 딸은 뭐든 할 수 있기를 바랐다. 덕분에 나는 나 자신에게 여자라는 한계를 걸어둘 필요가 없었다. 나는 그저 내가 하고 싶은 일을 찾기만 하면 되었다. 하지만 어머니의 바람이나 내 의지와 다르게 현실엔 남녀 차별이 존재한다. 내가 몸담은 과학 분야라고 다를 건 없다. 거의 모든 주도권은 남성이 잡고 있으며, 여성은 과학에 적합하지 않다는 편견까지 난무한다. 이는 한국에만 있는 현실은 아니다.

미국에도 'Unconscious Bias'라는 표현이 있다. '무의식적 편견'이라는 뜻이다. 이를테면 어떠한 의견을 여성이 내면 주의를 기울이지 않다가 똑같은 의견을 남성이 내면 갑자기 좋은 의견이라고 칭찬하는 식이다. 이런 경험이 반복되다 보면 여성들은 의견을 내는 데 망설이게 된다. 심지어 '내가 말하는 방식이 잘못되었나?', '다른 사람을 설득하는 기술이 부족한가' 같은 생각을 하며 자책하기도 한다. 그러다 결국 과학을 포기하는 여성 과학자를 심심찮게 본다.

나 역시 성차별적 문화를 다 극복했다고 말할 수는 없다. 지금도 상황에 따라 처신하는 방법을 계속 배워 나가는 중이다. 무의식적 편견을 이겨내고자 기술적 표현Technical Representation을 좀더 키워야겠다고 생각했고, 그 부분에 초점을 맞춰 일하는 것으로 여성에 대한 차별적 시선을 최대한 극복하고는 있다. 이러한 노력이 나의 전투력을 높여줄 수는 있어도 과학계에 만연한 성차별적 문화를 근본적으로 바꾸지는 못한다.

물론 여성이기에 가지는 장점도 있다. 기업에서 엔지니어

반도체공학자 나명희

로서의 여성은 아무래도 협업에서 돋보이는 능력을 발휘할 수 있기 때문이다. 회사라는 조직은 속성상 사람과 사람의 관계를 중요하게 여긴다. 특히 최첨단 과학에서 개인만의 공로라는 것은 없다. 웬만한 작업은 다 팀 단위에서 이루어지기에 협업이 중요하다. 협업에서 필요로 하는 능력 중 하나는 상대방의 의견을 듣고, 그의 의지를 이해하면서 경청하는 태도다. 여성은 대체로 이러한 부분에서 강점을 보인다.

세상의 그 어떤 일도 여자란 이유로, 남자란 이유로 할 수 없는 일은 없다. 사람이 할 수 있는 일이라면 성별에 관계없이 누구나 할 수 있을 것이다. 다만 내가 하고 싶은 일의 현실이 어떤지 정도는 파악할 필요가 있다. 설혹 그 현실이 여자나 남자에게 불리하다고 할지라도 진짜 하고 싶은 일인지 아닌지를 따져 실행하면 된다. 자기 자신만큼 자신에 대해 잘 아는 이는 없으며, 누구도 자신이 원하는 게 무엇인지 자신보다 더 잘 알지 못한다. 그렇기에 자신이 원하고 잘할 수 있는 것을 선택하면 될 일이다.

친구의 꿈이 물리학의 길로 데려다주다

✦

    고등학생이 된 후에도 공부에 매진하진 않았다. 어릴 땐 의사가 되고 싶었지만, 공부를 열심히 하지 않았던 탓에 그 꿈은 서서히 사라져 흔적만 남겼다. 하지만 나는 상실감을 느끼거나 하지는 않았는데, 자신에 대한 믿음을 가지고 있었기 때문이다. 나는 한번 마음을 먹으면 무섭게 파고드는 성격이라는 걸 스스로 알고 있었다. 고등학교 3학년이 되어서야 물리학과에 가기로 마음먹었는데, 그렇게 방향을 정한 후에는 내가 꼭 해낼 수 있으리란 생각을 하며 공부에 몰두했다.

    이전엔 물리학엔 관심조차 두지 않았다. 수학은 좋아했지만 물리학은 좋아하지 않았고, 심지어 내가 물리학과에 갈 거라고는 생각조차 해본 적이 없었다. 그런데 전혀 뜻밖의 계기로 물리학을 선택하게 된 것이다.

반도체공학자 나명희

"천체물리학을 공부하고 싶어."

고등학교 3학년 때 친했던 친구는 곧잘 이렇게 말했다. 천체물리학은 행성, 별, 은하와 같은 천체들의 상호작용을 연구하는 학문이다. 나 역시 우주에 관심은 많았지만, 천체물리학은 생각해본 적이 없었다. 그런데 그 친구의 말을 자주 듣다 보니 천체물리학을 공부하면 정말 재미있겠다는 생각이 들었고, 그쪽으로 나의 진로를 잡았다. 하지만 아쉽게도 우리나라엔 천체물리학과가 없었다. 대부분 대학에선 물리학의 전공 분야 범주에 넣고 있었기에 천체물리학을 공부하려면 물리학과를 선택해야 했다.

나는 이화여대 물리학과에 진학했는데, 학기 초에 공부를 따라잡기가 힘들었다. 고등학교 시절 물리를 열심히 공부하지 않았던 것이 고스란히 드러났던 것이다. 부족한 부분을 따라잡기 위해서 다른 학생들보다 더 열심히 공부했다. 그러다 보니 처음엔 까다롭고 어렵기만 했던 물리학이 수학처럼 명쾌한 답을 내는 것에 재미를 느끼기 시작했다.

물리학은 수학, 화학, 생물학 등과 함께 자연과학 분야에 속한다. 자연과학은 모든 학문의 기초가 되는 기초과학이다. 하지만 내가 대학을 다녔던 1980년대엔 자연과학 분야를 나와서 일자리를 찾기란 쉬운 일이 아니었다. 특히 물리학이나 수학은 전공을 살려 일할 수 있는 분야가 많지 않았다. 그래서 많은 학생이 석사과정에선 전자전기공학과 화학신소재공학과 같은 공과 계열을 선택하곤 했다. 기초과학인 물리학으로 기본기를 다지고, 기업에서 필요로 하는 과학기술 분야를 익히는 게 자연스러운 분위기였다. 나는 4년 동안 좋은 성적을 얻기 위해 열심히 공부했지만, 졸업 후 무엇을 할 것인가에 대한 고민을 심각하게 해본 적이 없었던 것 같다.

고민을 뒤로 하고 나는 일단 대학원에 진학해 물리학 석사과정에 들어가긴 했지만 공부에 회의적이었다. 나의 늦은 방황은 그때부터 시작되었다. 나는 석사과정을 시작한 지 3개월 후 미국으로 건너가 어학연수를 받기로 결단을 내렸다. 당시 내겐 공부보다 미국에서 몇 개월 정도 영어를 배우고 한국에서 직장을 잡는 게 더 중요했다. 그럴 생각으로 떠난 미국행이 지금까지 나를 이끌어온 셈이다.

반도체공학자 나명희

자신감과 자기긍정이 전부였던 미국 유학생활

✦

　나의 미국생활은 필라델피아의 펜실베이니아대학교 University of Pennsylvania, Philadelphia에서 시작되었다. 펜실베이니아대학에서 어학연수를 하는 동안 성인으로서 혼자 사는 법을 배웠다. 한국에선 부모님의 보살핌 아래 있으며 하지 않았던 가사부터 생활 전반에 걸쳐 필요한 모든 일을 혼자 해내야 했기 때문이다. 또 낯선 문화에 되도록 빨리 적응하는 것도 내게 주어진 과제 중 하나였다. 그런데 이와 별도로 유학생활이라는 게 가진 자들과 그렇지 못한 자들의 차이가 매우 크다는 것도 온몸으로 깨달았다. 하지만 좋은 사람들을 많이 만났는데, 나의 가장 친한 친구인 A도 이때 만났다.

　어학연수를 끝내고 한국으로 돌아온 이후에도 A와는 계속 좋은 관계를 유지하고 있었다. 당시 그 친구의 꿈은 버펄로

대학University of Buffalo에서 커뮤니케이션을 공부하는 것이었다. 하지만 나는 대기업 면접에 합격해 오리엔테이션을 기다리는 중이었다. 그런데 어느 날 어머니가 나를 부르시더니 이렇게 말했다.

"명희야, 한국에서는 평생직장을 가지려면 학위가 필요하다. 지금은 좀더 공부하고, 직업은 나중에 찾는 것도 괜찮지 않을까? 그리고 한국에서 공부하는 것보다 미국 유학을 가는 건 어떻겠니? 아무래도 네 전공과목은 미국에서 하는 게 더 좋을 것 같은데."

결혼해서 안주하기보단 오래 일을 하고 싶었기에, 어머니의 말씀에 따라 유학을 결심했다. 유학을 결심한 후엔 모든 일이 빠르게 진행되었다. 다른 사람들은 보통 1년을 준비한다는 유학이건만, 나는 한 달 만에 미국행 비행기에 올랐다.

미국으로 떠나는 날 내가 가진 것은 5천 달러의 현금과 큰 여행 가방 2개가 전부였다. 머물 숙소도 정해놓지 않았다. 미국 공항에 도착한 후에는 무작정 학교로 가 학과 직원에게 지금 당장 내게 기숙사를 배정해줄 수 있는지 물었다. 학과 직원은 황당해하면서도 나를 돕기 위해 최선을 다했다. 결국 기숙사 자리가 난 건 그로부터 2주나 지나서였고, 그동안 호텔에서 살아야 했다.

내 유학생활은 이처럼 준비 없이 시작되었다. 그런데도 '잘 되겠지'라고 낙관했다. 지금 생각해보면 그때 어떻게 그렇게 낙천적일 수 있었는지 모르겠다. 홀로 외국 유학생활을 하는 것은 결코 만만한 일이 아니었다. 내 옆에 아무도 없다는 외로움, 말이 통하지 않는다는 두려움, 내 나라가 아니기에 드는 소외감, 왠지 알 수 없는 서러움이 문득문득 생활 속에서 느껴졌다. 하지만 나는 이러한 감정들을 굳이 극복하려 하지는 않았다. 극복보단 오히려 내 유학생활의 친구처럼 여기기로 했다.

유학생활에 적응하기 위해 나는 국적이 다른 친구들을 만나는 것에도 두려움을 가지지 않았다. 되도록 많은 친구를 만나기 위해 노력했는데, 그 노력이 자연스럽게 내게 사람과 잘 지내는 법을 가르쳐주었다. 또 일상생활에서 혼자 해결해야 하는 문제들을 하나둘 해결하면서 삶에 필요한 기술들을 습득해 나갈 수 있었다.

절실한 노력의 시간에 찾아온 소중한 인연들

✦

　버펄로대학 물리학과에서 박사학위를 받으려면 반드시 통과해야 하는 논문자격시험qualifying exam이 있다. 학생들은 보통 2년 동안 강좌를 듣고, 강좌에서 부과되는 학습 과제를 하면서 이 시험을 준비한다.

　당연히 모든 수업이 영어로 진행되었기에 그 당시의 내 영어실력으로는 수업을 따라가기가 쉽지 않았다. 그때 나는 중학교 때부터 대학까지 영어를 공부했는데도 듣기와 말하기가 제대로 되지 않았던 것은 한국의 언어교육의 한계라는 생각을 했다. 어찌 되었든 나는 살아남기 위해서라도 다른 학생들보다 더 많은 시간을 공부에 투자할 수밖에 없었다. 수업내용을 제대로 이해할 수 없었으니 다른 선택이 없었다. 한 1년 동안은 고등학교 3학년 때보다도 더 열심히 공부했던 것 같다. 그 결과

나는 다른 학생들보다 더 빨리 두 차례의 논문자격시험을 통과해 박사학위를 위한 논문연구에 더 빨리 진입할 수 있었다.

박사과정 5년 동안 꽤 많은 사람을 만났다. 내 인생의 전환기를 만들어준 사람들도 있었는데, 중국계 미국인인 홍루오 교수Prof. Hong Luo도 그중 한 사람이다. 그는 젊고 활기찼으며, 따뜻한 성격으로 학과에 적이 없었고, 열정적인 강의로 학생들에게도 인기가 많았다. 나는 박사과정을 밟는 동안 그분이 화를 내는 것을 단 한 번도 보지 못했을 정도로 인생의 좋은 선배다. 또 그는 이미 많은 사람의 기대를 한 몸에 받는 과학자이기도 했다. 그는 분자 빔 에피택시molecular beam epitaxy, 첨단의 얇은 필름을 증착시키는 도구의 전문기술을 가지고 있었다. 홍루오 교수의 아내도 물리학 박사로 함께 유학생활을 하며 박사과정을 이수했다고 한다. 두 분은 혼자 좌충우돌하면서 공부하는 내게 특별히 관심을 기울여주었다. 아마도 철없는 내가 안쓰럽게 느껴졌을 것이다. 앞서 이 길을 걸었던 사람으로서 나를 도와주고 싶었던 것 같다.

나의 소중한 남편도 버펄로에서 만난 인연이다. 남편은 나보다 2년 선배로 독일계 미국인이다. 미국 버펄로대학에 석사과정 때 교환학생으로 왔다가 독일로 돌아간 뒤, 다시 박사과정을 밟기 위해 버펄로에 온 경우였다. 물리학과에서 함께 실험하다 그를 알게 되었다. 그와의 관계에선 많은 우연이 겹치고 또 겹쳤는데, 그 우연이 결국 필연으로 연결되어 결혼까지 가게 된 것이다.

박사과정을 밟은 후엔 대학의 조교수로 행보를 정할 수도 있다. 하지만 미국에서 대학 조교수는 결코 만만한 직업이 아니다. 연구비를 지원받기 위해 대학이나 기업에 신청서를 써야 하고, 연구비 지원을 받지 못하면 5년 후에는 교수직을 유지하기 어렵다. 이런 현실을 접하다 보니 내게 교수라는 직업은 별 매력을 주지 못했다. 박사과정을 공부하는 동안 정확한 진로를 정한 것은 아니었지만, 막연하게나마 적어도 교수는 내게 맞는 일이 아니라는 결론을 내렸다.

반도체공학자 나명희

IBM 입사, 우연이 필연이 되는 경험

✦

전문 과학자로 사는 나의 삶은 2001년 IBM에서 시작되었다. 컴퓨터 산업의 선구자로 통하는 IBM은 1911년에 설립한 미국 기업이다. 원래 하드웨어 중심이었지만 1990년 이후부터 솔루션과 서비스에 집중했고, 오늘날엔 소프트웨어 기업으로 이름을 떨치고 있다. 내가 석학 엔지니어로 근무했던 곳은 IBM에서 운영하는 뉴욕의 아이비엠 리서치IBM Research다. 아이비엠 리서치는 세계에서 가장 큰 산업연구 기관으로서 6개 대륙에 12개의 실험실을 보유하고 있다.

내가 IBM에 입사한 건 정말 우연이었다. 2000년 박사 과정을 졸업한 후 1년 동안 버몬트 주의 마이클대학St. Michael's College에서 초빙교수로 일하던 때였다. 친구를 따라 버몬트취업 박람회Vermont Job Fair에 갔다가 그곳에서 IBM에서 나온 엔지니어와 이야기를 할 기회가 있었다. 그때 그 엔지니어는 IBM 인터뷰를 권유했다. 그다음 해까지 새로운 일을 찾을 생각은 없었지만, 인터뷰해서 나쁠 것이 없다는 생각에 가벼운 마음으로 응했다. 그런데 덜컥 합격한 것이다.

우연이 겹치면 필연이 된다는 말이 있다. 그런데 그 일이 나에게 일어났다. 우연히 갔던 취업박람회가 고리가 되어 IBM에 들어갈 수 있었고, IBM은 지금의 나를 만드는 데 굉장히 중요한 역할을 했다. 하지만 IBM에서 일을 시작한 처음 한 달은 유학생활을 시작할 때 느꼈던 어려움을 떠올리게 했다. 내게 주어진 첫 번째 일은 내 전공과는 상관없는 일이었기에 처음부터 다시 배워야 하는 시간들의 연속이었다.

당시 나는 IBM이 나를 선택한 이유를 도무지 알 수 없었다. 나는 물리학을 전공한 자연과학 박사였는데, IBM에서 필요로 하는 사람은 전기기술electrical engineering 분야를 공부한 공학박사였기 때문이다. 그런데 어느 정도의 시간이 지나자 IBM의 고용정책에 대해 이해하게 되었다. IBM의 고용철학은 잠재력을 지닌 인재를 양성하는 것이었고, 나는 그것에 혜택을 입은 수혜자였다. IBM은 나 자신조차 알지 못했던 잠재력에 투자하는 것으로 내 경력을 업그레이드할 기회를 준 것이다.

내가 IBM에 입사했던 당시 IBM은 세계의 반도체 기술을 선도했고, 세계의 많은 기업이 IBM에게 손을 내미는 상황이었다. 그 덕분에 나는 가장 좋은 타이밍에 가장 좋은 지점에 있을 수가 있었고, 내 인생을 성장시키는 좋은 계기로 삼을 수 있었다. 또 IBM의 문화에서도 많은 것을 배울 수 있었다. IBM은 그 역사가 오래되었는데도 불구하고 젊고 창의적인 분위기를 위해 많은 시간과 노력을 아낌없이 베푸는 문화를 가지고 있었다. 이러한 곳에서 일할 수 있었던 것은 내게 정말 축복이었다.

나는 IBM에서 18년 동안 일했다. 그 시간 동안 IBM은 내게 여러 경험을 쌓을 기회를 제공했다. 아주 작은 소자를 만드는 분야부터 시스템 구조system architecture를 도와 서버를 만드는 분야까지, 거의 모든 분야에서 엔지니어와 관리자로서 고유한 위상을 쌓을 수 있게 해주었다.

반도체 산업은 혁신적인 기술을 필수적으로 요구하는 분야다. 또 다양한 분야의 아이디어가 합쳐져 이제껏 본 적이 없는 특별한 무언가를 만들어내는 특성도 있다. 대표적인 예로 스마트폰을 들 수 있다. 우리는 스마트폰 하나만 들고 있어도 인터넷 검색, 금융 거래, 영화, 음악 감상, 쇼핑 등을 시간과 장소에 구애받지 않고 할 수 있다. 예전엔 공상과학 소설이나 SF 영화에서나 볼 수 있었을 법한 일들이다. 그러고 보면 과학자들은 꿈을 꾸는 집단임이 분명하다.

다양한 아이디어와 가치가 합쳐져 이루는 세상

✦

　기업의 발전은 다양한 아이디어와 가치가 합쳐질 수 있는 문화에 달려 있다. IBM은 그런 점에서 굉장히 선구적으로 움직이는 회사 중 하나였으며, 나는 그런 환경에서 마음껏 일할 수 있었다.

　나는 그 누구보다 선구적인 연구에 참여할 수 있었던 기회가 많았다. 이를테면 IBM 서버에 들어가는 칩을 만드는 연구에 참여한 것을 들 수 있다. IBM 서버는 금융 시스템banking system에 오랫동안 자리를 잡아왔다. 이 칩은 실리콘 온 절연체Silicon on Insulator, 절연체 위에 형성된 고순도 실리콘 층 기술로 제작되었으며, IBM 자체적으로 2017년까지 양산해 온 것이다. 하지만 2017년에 분업 제조에 들어가 IBM의 양산 능력은 없어졌지만, IBM 서버의 금융 시스템은 아직도 남아 있다.

또한 나는 IBM에서 HIGH-K 금속 게이트 기술과 벌크 및 실리콘 온 절연체 기술에서의 핀펫finfet 장치 아키텍처 도입 등을 연구하고, 반도체를 개발하는 일을 했었다. 이러한 일은 스마트폰 칩에 들어가는 작은 소자들을 어떻게 하면 발전시킬 수 있는지와 관련이 있다.

그러니까 스마트폰에 들어가는 컴퓨터 칩을 더 작게 만들면서도 그 안에 더 많은 기능을 넣을 수 있는 기술들을 개발하는 일이 주 업무였다. 그때 스마트폰이나 가상 게임기가 세상을 바꾸는 것을 직접 경험할 수 있었다.

또 세계적인 굴지의 반도체 그룹과 협력, 다른 문화를 가진 과학자나 기술자와 하나의 결과물을 만들기 위해 함께 일한 경험은 경영기술을 한 단계 업그레이드시켜주는 좋은 기회이기도 했다.

물론 IBM에서의 18년이 마냥 좋았던 것만은 아니다. 사람의 인생처럼 기업도 좋은 날이 있으면 나쁜 날이 있다. IBM 역시 세계시장에서 정체되는 과정이 있었는데, 나도 조직의 일원으로서 함께 그 어려움을 고스란히 경험해야 했다. 2017년 IBM은 제조 분업이라는 큰 전환점을 맞는다. IBM의 관리자였던 나는 폭풍의 눈 속에 있는 것 같았다. 그런 와중에도 어떻게 해야 사람을 더 생각하는 리더가 될 수 있는지에 대한 고민이 많았다.

육체적으로 정신적으로 힘들지 않았다고 말한다면 거짓

말일 것이다. 하지만 그 모든 과정을 이겨내자 떠오르는 리더 중 한 사람으로서 IBM에서 자리를 굳힐 수 있었다. 회사가 어려운 시기에도 팀을 위해 중심점이 되어주고 힘든 상황을 함께 이겨 나가는 과정에서 얻게 된 결과였다.

2018년 IBM은 안정을 되찾았다. 나 역시 할 일을 했다는 안도감과 함께 성취감을 느꼈다. 그러자 나의 IBM 밖 세상에 대한 호기심은 점점 커져갔다. 나는 결국 그다음 해인 2019년에 IBM을 그만두고 반도체 비영리 국제연구기관인 IMEC^Interuniversity Microelectronics Centre에 기술 솔루션 담당 부사장 직으로 들어갔다.

IMEC은 삼성, SK하이닉스, 인텔, 마이크론 등과 밀접한 관계를 맺고 있는 연구단체로, 친하게 지낸 동료들이 이곳을 거쳐 가면서 내게 권유하기도 했다. IMEC으로의 이동은 단지 직장을 옮기는 것 이상의 의미가 있었다. 그도 그럴 것이 IMEC은 벨기에에 있었으니 나는 새롭고 낯선 유럽생활에 맞닥뜨린 것이다.

여행지로서의 유럽과 생활인으로서의 유럽은 확실히 달랐다. 미국과의 문화 차이도 경험할 수 있었다. 사실 대부분의 사람이 유럽의 모든 나라가 다 똑같지 않을 것이라는 걸 머릿속으로는 알고 있을 것이다. 각 국가는 그들만의 역사와 문화를 가지고 있으니 당연한 일이다.

하지만 심정적으론 이들 나라를 한 묶음으로 엮은 '유럽'이라는 단어에 대한 이미지가 각 국가의 개별적 특성보다 더 크게 작용하는 일도 있을 것이다. 유럽의 모든 국가가 저마다의 색을 가지고 있듯, 벨기에 안에서도 여러 색깔의 문화가 공존한다. 이를 가장 잘 보여주는 것이 언어다. 벨기에는 공용어가 독일어, 네덜란드어, 프랑스어 세 개나 된다. 이런 특성 때문인지 벨기에 아이들은 어릴 때부터 여러 언어를 동시에 배운다.

IMEC에서 나는 기술 솔루션 그룹Technology Solutions group의 수장으로서 논리 기술logic technology과 인공지능 기술 연구를 이끌었다. 논리 기술은 시스템 반도체에 들어가는 반도체 기술을 의미하는데, 여기서 시스템 반도체비메모리 반도체는 '연산 및 제어' 기능을 담당한다.

스마트폰의 타이머, 계산, 기능 설정, 모드 설정, 제어, 정보처리 같은 시스템을 작동하게 하는 것이 바로 이 시스템 반도체다. 시스템 반도체는 스마트폰뿐 아니라 스마트 TV나 자동차 등 거의 모든 전자 기기에서 사용된다.

인공지능 기술은 기계가 인간처럼 학습하고 정확하게 유추할 수 있도록 만드는 기술이다. 이 기술은 오래전부터 연구했지만 컴퓨터의 성능이 지금처럼 빠르지 않아 구현하기 어려웠다. 하지만 빠른 컴퓨터가 보편화되면서 인공지능 기술도 빠르게 발전하고 있다.

현재 인공지능 기술의 활용은 우리 생활 곳곳에 스며 있다. 넷플릭스에서 추천하는 리스트도 인공지능 기술을 활용한 것이다. 이러한 기술을 젊고 영리한 과학자들과 함께 연구하는 것은 내게도 많은 도움이 되었다. 일단 다양한 생각을 나눌 수 있었으며, 그만큼 많은 것을 배울 수도 있었다. 많은 기업과 작업하면서 미래를 구상할 수 있었다.

다시 한국이라는 새로운 도전

✦

2019년 전 세계인은 물론 나와 우리 가족의 생활에도 큰 영향을 미친 세찬 바람이 불었다. 바로 코로나19다. 당시 아들 데이비드는 미국에서 학교에 다니고 있었고, 내 부모님은 한국에서 노후를 보내고 있었다. 나는 나이 드신 부모님을 위해 귀국을 결심했다. 남편 옌스Jens는 내가 그 선택을 할 수밖에 없다는 것을 이해해주었다. 솔직히 말하자면, 지난 30년간 한국생활과 한국에 계신 부모님을 잊어버리고 살았다. 혼자 미국에 정착하면서 생활이 바쁘기도 했지만, 부모님까지 챙길 마음의 여유가 없었던 게 솔직한 이유다. 어쨌든 우리 가족은 내가 한국으로 가는 선택을 이해해주었다.

2021년 나는 한국으로 들어왔다. 그리고 SK하이닉스에서 일하기로 했다. SK하이닉스를 선택한 이유는 이 회사가 메모리 회사라는 점에서 매력을 느꼈기 때문이다. 오랫동안 고체 논리 기술logic technology과 반도체 설계 기술foundry technology을 전문으로 일해왔기에 새로운 분야인 메모리에 대해서도 경험하고 싶다는 생각이 들었다. 그리고 무엇보다 시스템 업계의 변화와 지금 우리 사회가 요구하는 기술 경향을 보았을 때, 로직과 메모리가 더는 분리되지 않을 것이라는 생각을 오래전부터 해오던 참이었다.

물리적 법칙에 지배되고 있는 반도체 소자의 속성 극복은 지금보다 더 작게 만드는 일에 그치지 않고 작으면서도 유용하게 더 빠른 시스템을 만드는 것이다. 바로 이러한 기술이 다음 세대의 컴퓨터를 주도하는 기술이 될 것이다. 그런 면에서 SK하이닉스는 내게 새로운 도전을 할 수 있게 해주는 좋은 선택이었다.

SK하이닉스는 내가 입사하기 몇 달 전 미래기술연구원 산하에 혁신기술센터Revolutionary Technology Center : RTC를 신설했다. 아직 확실하지 않은 미래 기술에 대해 꿈을 가지고 이끌어가는 조직 생성은 매력적으로 들린다. 하지만 이를 성공시키기 위해선 관리자들의 의지가 필요하다. 이것은 단지 한국에만 해당하는 것이 아니라 반도체의 속성이다.

사실 전 세계적으로 과학 연구에 대한 투자는 필요하다고 생각하지만, 새로운 분야를 개척하고 시작하는 것에 대한 투자는 그리 많지 않다. 다행히도 SK하이닉스의 경영자들은 이미 이에 대한 필요성을 느끼고, 미래기술연구원 산하에 RTC를 만드는 것으로 그 준비를 마쳤다. 나는 바로 이곳의 기술 솔루션 담당 부사장으로 선임되었다.

RTC는 10년에서 30년을 바라보는 반도체 연구를 시작했고, 나는 이 모든 것의 한가운데 자리를 잡았다. 반도체는 절대 혼자서 성과를 낼 수 없는 분야이기에 다양한 분야의 협업이 필수적이다. 특히 RTC는 다양한 분야의 전문가들로 구성되어 있기에 구성원들 간의 원활한 소통이 중요한데, 이는 더 나아가 팀의 생존을 좌우하게 될 것이다.

기술은 늘 변화한다. 오늘 존재하는 게 내일도 존재할 것이라는 보장이 없다. 오히려 기존에 없던 것을 새롭게 찾는 것이 과학자들의 역할이기도 하다. 처음 가보는 길엔 어떤 위험이 있는지 알 수 없다. 또 오랜 시간 공들여 연구했던 개발품이라도 그 결과를 당장 알 수 없기에 불안하고 혼란스러울 때도 있다. 하지만 장기적으로 봤을 때 과학자는 큰 변화를 주도할 수도 있고, 자신의 손으로 더 나은 미래를 만들어 갈 수도 있다. 이것이야말로 과학의 가장 큰 매력이 아닐까 싶다.

요즘은 전 세계적으로 다양성과 공정성이 중요한 가치로 떠오르고 있다. 더 나은 사회를 만들기 위해선 공정한 경쟁이 필요하다는 합의에 따른 것이다. 하지만 이 두 가치는 자본주의 사회의 특성과도 무관하지 않다. 자본주의 사회는 끊임없이 경제성장을 위해 움직이는데, 기업들은 이 움직임에서 살아남기 위해 혁신적이면서도 뛰어난 상품을 개발할 수밖에 없다. 이를 가능하게 하는 것이 다양성과 공정성의 가치다.

미국과 달리 한국은 한 민족으로 구성된 나라이며 공통의 역사와 문화 기억을 지니고 있다. 바로 이 때문에 국가적 위기가 닥치면 함께 뜻을 모아 이겨내는 힘이나 서로를 가족처럼 생각하는 공동체 정신이 강하다. 하지만 다양한 인종, 민족, 성별의 사람들에게 한국사회의 문은 상당히 좁은 편이다.

하지만 한국에서도 다양성을 확보하려는 움직임이 활발해지고 있다. 이를 잘 보여주는 예 가운데 하나가 SK하이닉스다. SK하이닉스는 2020년 12월 31일까지만 해도 여성이 미등기임원이 된 적이 단 한 번도 없었다고 한다. 그러다 2021년에 나를 비롯해 다른 여성 2명이 임원으로 등록되었다. 나는 이것을 SK하이닉스가 꾀하는 변화가 단지 반도체 산업에 새로운 패러다임을 제시할 혁신기술 확보뿐 아니라 새로운 가치를 창출해 나가는 여러 노력 중 하나로 인식했다. 기술은 결국 사람에게서 나오며, 기술 그 자체는 사람의 성별에 차이를 두지 않기 때문이다.

반도체공학자 나명희

"난 슈퍼우먼이 아니야, 그래도 괜찮아"

✦

    출산과 육아로 중도에 일을 포기하는 여성 과학자를 볼 때가 있다. 이러한 일은 비단 과학계에만 있지는 않을 것이다. '육아와 일의 병행'이라는 문제는 거의 모든 분야에서 풀어야 하는 숙제이기도 하다. 한국의 취업포털 인크루트에서 2021년 조사한 바에 따르면, 73.8%의 여성이 경력단절을 경험했다고 한다. 경력단절의 원인 1위가 육아, 2위가 출산이었다. 이러한 결과는 대체로 두 가지를 시사한다. 하나는 아직은 우리 사회는 육아 책임을 여성에게 상대적으로 많이 지우고 있다는 것이고, 다른 하나는 워킹맘들이 맘 놓고 일할 수 있는 사회·제도적 시스템이 마련되어 있지 않다는 것이다.

    그런데도 우리 사회는 여성에게 일은 일대로 열심히 하면서도 좋은 아내이자 엄마의 역할을 멋지게 해내는 슈퍼우먼이 되기를 요구한다. 그리고 이 모든 일을 잘 해내지 못한 책임을 개인에게 덮어씌우는 것이다. 이는 한국만의 문제는 아니다. 대다수 국가의 여성들이 한국과 다르지 않은 현실에 놓여 있다.

솔직히 나 또한 결혼 초기엔 일도 육아도 잘 해내고 싶었다. 하지만 아이의 학교 행사엔 거의 참여하지 못했고, 일이 먼저인 경우가 많았다. 그러다 보니 항상 아이에게 미안한 감정이 들었다. 엄마를 필요로 하는 그 순간에 함께 있어주지 못했다는 죄책감에 시달리기도 했다. 그런데 그동안 괴로워했던 내 마음을 바꾸는 데 큰 전환점이 된 일이 있었다.

축구 연습을 끝낸 데이비드David를 차에 태우고 집으로 가는 중이었다. 그날도 나는 일에 쫓겨 아들의 축구 연습을 보지 못한 것에 너무 미안한 나머지 이렇게 말했다.

"데이비드, 미안해. 오늘도 네가 축구 연습을 하는 걸 보지 못했네. 엄마가 너한테 중요한 날을 자꾸 놓치게 되네."

그러자 데이비드는 이렇게 대답했다.

"엄마, 난 괜찮아요. 난 엄마가 내 엄마라서 좋아요. 전 엄마보다 더 좋은 엄마를 상상할 수 없어요. 그리고 엄마는 내가 필요할 때 항상 내 옆에 있을 거라는 걸 알고 있어요. 어렸을 땐, 엄마가 학교 행사에 못 오시면 가끔 화가 나곤 했어요. 하지만 지금 전 엄마가 우리 가족을 위해 최선을 다하고 있는 워킹맘이라는 게 자랑스러워요."

이 대화는 나를 자유롭게 만들어주었다. 그 순간 나는 슈퍼우먼이 될 수 없으며, 그럴 필요도 없다는 사실을 깨달았다.

이 깨달음으로 오히려 자신감을 가지게 되었고, 마음은 더 편안해졌다. 이후론 상황에 따라 남편이나 데이비드와 의논하는 것으로 좀더 나은 해결책을 찾아낼 수 있었다.

인생엔 한 가지 답만 있지는 않은 것 같다. 출산과 육아가 우선되어야 할 시기라면 출산과 육아에 집중하는 것도 한 방법일 것이다. 미국에선 과학기술자들이 여성이든 남성이든 성 구별 없이 육아와 가정을 우선순위로 두는 경우가 많은데, 대부분은 사회적으로 자연스럽게 수용되고 인정받는 분위기다. 하지만 한국에선 아직도 이러한 분위기가 마련되어 있지 않은 것 같다. 육아로 3~4년 정도 경력이 단절된 여성은 대체로 다시 사회로 돌아가기 힘든 게 현실인데, 이는 개개인의 노력으로만 해결될 문제는 아니다. 이를 해결하기 위해선 사회 구성원 모두 좀더 나은 시스템과 분위기를 만들고자 노력해야 할 것이다.

인간의 뇌와 같은 수준으로 발전하는 AI

✦

2019년 코로나는 세계를 마비시켰다. 우리는 지금도 코로나 팬데믹에서 벗어나지 못하고 있다. 이것을 어떻게 극복하고, 언제 일상을 찾을 수 있을지 고민 중이다. 하지만 역설적이게도 코로나 팬데믹으로 인해 반도체 등을 비롯한 많은 기술이 빠른 속도로 개발되고 있다. 대표되는 예로 AI^Artificial Intelligence와 가상현실^Metaverse을 들 수 있을 것이다.

미국의 스티븐 스필버그 감독은 2001년에 영화 〈AI〉를 세상에 내놓았다. 당시 AI 기술은 지금처럼 획기적인 발전을 이루었던 때가 아니었다. 하지만 스필버그 감독은 인공지능을 가진 인조인간들을 상상했고, 그 인간들이 실제 인간이 하는 모든 일을 해내는 세상을 영화 속에 재현했다. 영화 〈AI〉의 등장인물인 하비 박사는 로봇이 인공지능만 가지고 있는 것에 만족할 수 없었다. 그는 로봇에게 감정을 주입하고 싶어 했는데, 그렇게 해서 만들어진 최초의 인조인간이 데이빗이다.

하비 박사가 데이빗을 만들었던 이유는 불치병에 걸려 냉동상태인 친아들 마틴을 대신할 아들이 필요해서였다. 그의 바람대로 데이빗은 사랑스러운 아들이 되어주었다. 하지만 친아들 마틴이 퇴원하게 되자 데이빗은 버려진다.

"진짜가 아니어서 미안해요. 엄마, 날 버리지 말아요."

데이빗의 이 대사는 영화를 보는 사람들의 마음을 아프게했다. 인간과 같은 감정을 가지게 되었지만 단지 로봇이라는 이유로 버려지는 아이는 사람들에게 철학적인 질문을 던진다. '과연 인간은 AI와 무엇이 다른가. 지적 능력, 감정을 가진 존재가 인간으로 정의된다면 이러한 특성을 가진 AI를 어떻게 바라봐야 하는가.'

그런데 이보다 먼저 답을 찾아야 하는 질문이 있다. 정말로 AI를 인간의 뇌와 같은 수준으로 끌어올리는 것이 가능한가? 여러 SF 영화에서 인간과 똑같은 AI가 등장하는데, 현대 과학기술로 현실에서도 구현할 수 있을까?

아주 불가능한 일은 아니다. 큰 전환점이었던 딥러닝(컴퓨터가 사람의 뇌처럼 사물이나 데이터를 분류할 수 있도록 하는 기술)이 상용화되면서 AI는 우리 생활에 많이 다가왔다. 대표적인 예로 포털 사이트, 인터넷 쇼핑몰, 유튜브에서 흔히 볼 수 있는 알고리즘, 얼굴 인식 프로그램 등이 있다. AI 기술은 컴퓨터 하드웨어에서도 그 어느 때보다 월등한 수행능력을 요구하게 되었다. 이로 인해 칩 기술chip technology 분야에서도 많은 발전이 이루어져 왔다. 아마도 10년 후의 AI 기술은 지금보다 훨씬 더 빠른 속도로 발전해 있을 것이다. 또 현재의 컴퓨터는 더 많은 데이터를 흡수하고, 포용할 수 있는 인-메모리 컴퓨팅(in-memory computing : 방대한 데이터베이스를 디스크에 저장하는 대신 실시간으로 처리할 수 있는 RAM에 직접 저장하여 처리하는 기술을 일컫는다. 디스크 기반 모델에서는 네트워크 속도와 디스크 속도에 따라 액세스 속도가 제한되지만 RAM에 저장된 데이터는 즉시 액세스가 가능하기 때문에 처리 속도가 수십 배에서 수백 배 빨라진다.)으로 패러다임의 전환을 일으킬 수도 있을 것이다.

AI는 결국 인간의 의도에 따라 움직일 수밖에 없는 인공지능이다. AI의 도덕성이나 AI의 무의식도 학습을 통해 이루어진다. 과학자들은 AI를 개발할 때 이미지 트레이닝을 시키는데, 이미지 트레이닝이 균형을 잡지 못하고 편협하게 흘러가는 일도 있다. 이를테면 모든 이미지를 남성 중심의 상에 맞추는 식이다. 세계의 많은 나라가 남성 중심적 문화를 가지고 있기에 벌어지는 일이다.

인간이 AI가 될 수 없듯, AI도 인간이 될 수 없다. 그런데도 AI의 발전에는 현실의 영역에서 사람들에게 두려움을 주는 요소가 있다. 인공지능 로봇의 상용화로 사라지는 일자리다. 2013년 옥스퍼드대학의 마틴스쿨에서는 〈고용의 미래 : 자동화가 일자리에 끼치는 영향〉을 게재한 바가 있다. 이 논문에 따르면, 2040년 전에 45%의 직업이 사라질 것이라 한다. 자

반도체공학자 나명희

율운전 시스템은 운전기사의 일자리를, 온라인·모바일 금융은 은행 직원의 일자리를 빼앗게 될 것이다. 또 통신 서비스 판매원, 회계사, 세무사 등 다양한 분야에서 사람들은 AI에게 일자리를 내주게 될 가능성이 크다.

노동을 통해 돈을 벌고 그 돈으로 생활을 꾸려 나가는 사람들에게 일자리의 상실은 곧 인간소외 현상으로 이어진다. 물론 사라지는 일자리만 있는 것은 아니다. 정보기술 연구 및 자문회사인 가트너Gartner는 일자리가 대거 사라짐과 동시에 230만 개의 새로운 일자리가 생길 것으로 예측했다. 하지만 그 과정에서 많은 이가 자신을 대신해 AI가 들어서는 것을 목격하게 될 것이며, 새로운 패러다임에 적응하지 못해 혼란을 겪기도 할 것이다.

그렇기에 신기술의 발전과 더불어 제도적 장치나 법이 함께 발전해야 한다. 사회가 신기술을 받아들일 준비가 안 되어 있다면, 가짜 뉴스나 소셜 네트워크를 이용한 교묘한 정치적 공작 같은 것에 의해서 지금보다 더 흔들릴 수도 있다. 한편, 과학자는 과학자대로 기본 책무를 다해야 한다. 과학자의 기본 책무는 비교적 명확하다. 과학자는 사회를 위해 과학을 발전시키는 데 공헌할 의무가 있는 사람들이다. 과학을 위한 과학을 한다든가, 기술을 위해 우리가 보존해야 할 의무가 있는 사회를 해하는 과학자는 과학자의 자질을 가지지 못한 사람이라는 게 내 생각이다.

지금 우리는 환경 문제에 직면해 있다. 이 분야에서도 반도체 분야가 할 수 있는 일이 많다. 기초과학부터 시작해 AI 기술 분야까지, 환경을 염두에 둔 시스템으로 전환되어야 할 것이다. 물론 이를 현실화하는 게 그리 쉽지는 않다. 정부, 기업, 학계가 다 함께 고민해야 하며, 오랜 연구와 많은 시간이 필요한 일이다. 하지만 더 늦기 전에 시작되어야 한다. 그것이 지금 세상에서 사는 우리 모두의 책무다.

실패는 경험의 한 부분일 뿐이에요

반도체는 앞으로 세상을 바꾸는 역할을 하는 핵심기술 중 하나가 될 것입니다. 바로 그 때문에 앞으로의 10년은 반도체 업계의 변곡점이 될 것이고, 반도체 관련 인재들이 많이 필요해질 겁니다. 저는 지금 학생들이 반도체 산업을 이끄는 원동력이 될 것으로 생각합니다. 특히 여학생들이 이 도전에 적극적으로 참여해 더 좋은 세상을 위한 반도체 기술을 이용하면 정말 좋을 것 같습니다. 사실 우리나라엔 똑똑하고 능력 있는 여학생들이 정말 많습니다. 하지만 사회적 편견이나 개인적 상황으로 인해 과학자의 꿈을 마음껏 펼치지 못하는 학생들도 있을 거예요.

학생들은 아직 학교라는 좁은 세상 속에 있기에 세상이 얼마나 큰지 모를 수도 있어요. 세상은 우리가 생각 이상으로 크고, 세상엔 우리가 할 수 있는 일들이 생각보다 많아요. 물론 큰 세상에 나갈 땐 두려움이 따릅니다. 실패를 경험할 수도 있겠죠. 하지만 실패는 극복하면 되는 거예요. 실패를 극복한다는 건, 실패를 되씹으며 실패에 파묻히지 않는 것을 뜻해요. 앞으로 가야 할 길이 많은데, 실패한 상황에 머물러 있을 필요가 없어요. 실패는 경험의 한 부분일 뿐이에요. 실패에서 무엇이든 얻으려 하는 마음을 가지고 있다면, 오히려 실패가 여러분 인생의 큰 자양분이 되어줄 거예요. 그러니 실패에 대해 두려움을 가지지 말아요. 두려움은 한때지만, 두려움 때문에 시도하지 않은 일들에 대한 후회는 오랜 시간 따라붙습니다.

그리고 항상 여러분은 특별하다는 것을 기억해주세요. 전 살아오는 과정에서 "이것은 절대 안 돼, 이렇게 하면 절대 승진 가능성이 없어, 해봤지만 안 돼" 같은 말을 수없이 들었습니다. 하지만 매 순간 나는 내가 옳다고 생각한 길을 선택했기에 지금의 자리까지 올 수 있었습니다. 물론 어떠한 충고는 내게 큰 도움이 될 수도 있었을 겁니다. 하지만 가장 나다운 내가 될 수는 없었겠죠. 여러분도 자신만의 특별한 브랜드를 만드세요. 자신에게만 있는 특별함은 무엇을 하든 상관없이 여러분 인생의 든든한 동반자가 되어줄 겁니다.

반도체공학자 나명희

1969년 서울 출생. 이화여자대학교에서 지구과학을 전공한 뒤 일본 도쿄대학교 이학부에서 석사와 박사학위를 마쳤다. 나사 존슨 스페이스 센터NASA-Johnson Space Center에서 포닥 과정, 럿거즈대학교Rutgers University 연구원, 달행성연구소와 나사 존슨스페이스센터Lunar and Planetary Institute & NASA-Johnson Space Center 연구원, 극지연구소 한국 정부 브레인 풀 프로그램 초청 과학자 등을 거쳐 현재 킹스버러우 커뮤니티 칼리지Kingsborough Community College 조교수이며 뉴욕 자연사박물관 American Museum of Natural History 연구원이다. 지은 글로는 "Issues in Dating Young Rocks from Another Planet : Martian Shergottites"(2014), 〈인생은 진행형Life is -ing〉(Women in Science, Engineering and Technology in Korea, 2013), 〈성공하는 여자는 울타리를 치지 않는다〉(《세상을 바꾸는 여성 엔지니어 8》, 효형출판) 등이 있다.

◆ **5** ◆

우주과학자 박지선

◆ ◆ ◆

천억 개의 은하와 천억 개의 별들,
그리고 지구

✦ ✧ ✦

우주과학은 다방면의 첨단기술 및 과학 등을 필요로 하는 학문이다.
그 때문에 우주과학은 그 어떤 학문보다
첨단을 달리는 것처럼 보이지만,
한편으론 아주 큰 꿈을 꾸고 있는 낭만적인 학문이기도 하다.
인간이 만든 많은 것들은 꿈에서 비롯되었다.
편리한 생활을 꿈꾸었기에 생활에 편리한 기기들을 만들었고,
우주를 꿈꾸었기에 우주 탐사선을 만들었다.
무언가를 만드는 건 꿈을 꾸는 것에서부터 시작된다.
그렇기에 나는 계속 꿈을 꿀 생각이다.
꿈을 꾸는 동안엔 아무리 멀리 있는 별이나 행성이라도
바로 내 앞에 성큼 다가선 것 같은 느낌이 들기에.

아프락사스도 인간도 세상도 양면성을 가진다

✦

　어릴 적 우리 집 거실 책장엔 세계문학 전집이 있었다. 마치 누구라도 읽어주기를 바라는 것처럼 즐비하게 늘어선 책들을 한 권 한 권 빼 읽기 시작한 것은 중학생이 되고부터다.《죄와 벌》,《부활》《인간의 굴레》《데미안》등등. 어떤 책은 상당히 두꺼웠고 어떤 책은 얇았다. 무엇보다 중학생이 이해하기엔 결코 쉬운 책들은 아니었다. 그런데도 나는 일단 읽기 시작하면 끝까지 읽었다. 고등학교를 졸업할 무렵엔 책장에 있던 책을 모두 읽게 되었다.

　그 많은 책 중에서도 유독 기억에 남는 책은 헤르만 헤세의《데미안》이다. 열 살 소년 싱클레어가 20대 청년이 되기까지의 과정을 그린 성장소설이다. 싱클레어는 새로 전학 온 학생 데미안을 통해 세상에 대한 시각을 넓혀 나간다. 또래 학생

우주과학자 박지선

들보다 생각이 깊고 어딘지 신비로운 분위기까지 풍기는 데미안. 그는 어느 날 싱클레어에게 이렇게 말한다.

"새는 알에서 나오려고 싸운다. 알은 새의 세계다. 태어나려고 하는 자는 하나의 세계를 깨트리지 않으면 안 된다. 새는 신을 향해 날아간다. 그 신의 이름은 아프락사스다."

아프락사스는 헬레니즘 신화에 나오는 신으로 양면성을 지닌 존재다. 삶과 죽음, 선과 악, 빛과 어둠 같은 양면성은 마음의 혼란 상태를 상징적으로 보여주기도 한다. 어른이 된 후에는 아프락사스를 좀더 깊이 이해하게 되었지만, 청소년기의 나는 아프락사스에 두려움을 느꼈다. 아마도 당시 내가 느꼈던 두려움은 세상엔 밝은 것만 있지는 않다는 것, 사람은 내가 생각하는 것 이상으로 복잡하고 어려운 존재라는 것을 미미하게나마 느꼈기 때문일 것이다. 그리고 그러한 느낌은 내게 알 수 없는 두려움을 가져다주었다.

하지만 청소년기의 독서는 내 세계를 더 풍성하고 단단하게 만드는 자양분이 되었던 것 같다. 내가 알지 못한 세계를 간접적이나마 경험하게 해주었고, 내가 미처 생각하지 못했던 부분을 인지하게 해주었고, 깊은 사색으로 채우도록 도와주었다.

어린아이는 청소년이 되고, 청소년은 청년이 되고, 청년은 중년이 되고, 중년은 노년이 된다. 누구나 시간의 법칙에 따라 자연스럽게 겪는 과정처럼 보이지만, 사실 대부분은 단계를 넘어설 때마다 자신만의 아픔을 경험한다. 특히 청소년기에서 어른으로 넘어가는 과정에선 두려움, 걱정, 호기심, 기대감 등의 다양한 감정들에 휘둘릴 수도 있을 것이다. 그건 아마도 새가 알에서 나오기 위한 진통 같은 것인지도 모르겠다. 하지만 단계마다 알을 깨뜨리고 나오면, 우리는 또 다른 세상을 보게 된다. 물론 세상이 좋기만 한 것은 아니지만 그렇다고 나쁘기만 한 것도 아니다. 아프락사스가 양면성을 가지고 있듯, 인간 역시 그러하고 세상도 그러하다.

우주과학자 박지선

모든 일에는 그것만의 가치와 진실이 있다

✦

나는 조용한 성격의 아이였다. 과학에 특별한 관심도 없었기에 과학책을 읽은 적도 없었다. 공부를 썩 잘하는 학생도 아니었지만 부모님은 내게 공부하라는 잔소리를 한 적이 없다. 당시 부모님은 공부는 강요한다고 되는 일이 아니라고 생각한 듯하다. 또 인생에서 공부가 다는 아니라고 생각했을 것이다.

본격적으로 공부에 관심을 가지기 시작한 건 중학교 2학년 여름방학이 끝난 후였다. 2학기 첫 시험에서 나는 뜻밖에 좋은 성적을 얻었고, 그것이 계기가 되어 그 이후로 더 열심히 공부했다. 공부할 때면 나름 나만의 규칙 같은 것을 만들어 그것을 꼭 지켰다. 예를 들면 보고 싶은 만화책이 있으면 그 책을 책상 위에 놓고 공부를 마친 다음에 맘 편히 즐기며 읽었다. 일단 내가 먼저 해야 하는 일이 무엇인지 순서가 정해놓고 그 일부터 해내는 것이다. 그러다 보니 나는 어느 사이 공부를 무척 잘하는 학생이 되어 있었다. 고등학교에 진학한 후론 공부는 아예 습관이 되었다.

내 나름대로 열심히 고등학교 시절을 보냈는데, 유독 기억에 남는 한 장면이 있다.

"아버진 무슨 일을 하시니?"

어느 날 담임선생님이 내게 물었다.

"회사에서 운전하세요."

내 대답에 선생님은 무표정하게 고개를 끄덕였다. 별다른 말은 없었기에 그저 그런가 보다 하고 지나갔다. 그런데 며칠 후 선생님은 나를 근로장학생에 추천해 장학금을 받게 해주었다. 그제야 선생님이 나를 불쌍히 여겼다는 것을 알아차렸다.

우리 아버지는 키도 크고 멋쟁이인 데다 가족을 위해 열심히 일하는 성실한 분이었다. 아침마다 나를 차에 태워 학교에 바래다주었고, 저녁이면 차를 몰고 와 학교 앞에서 나를 기다려주었다. 야간 자율학습이 있는 밤 10시에도 어김없이 나를 데리러 오는 아버지는 나의 자랑 그 자체였다. 하지만 선생님은 특정 직업에 대한 편견을 가지고 있었고, 그 편견의 결과가 선생님 자신은 알아차리지 못했을 행동으로 나타난 것이다.

지금도 나는 사람들이 자신의 자녀들에게 "너 공부 안 하면 저 사람처럼 저런 직업을 갖게 된다"고 말하는 것이 불편하다. 세상의 어떤 일이 다른 일보다 더 가치가 있거나 더 가치가 없을 수 있을까. 모든 일은 그 일만의 가치를 가지며, 사람들은

우주과학자 박지선

각자의 상황에 따라 자기 일을 찾을 뿐이다.

고등학교 3학년이 되자 본격적인 진로를 고민해야만 했다. 어떤 대학에 가느냐보다 더 중요했던 건 어떤 전공을 선택하느냐였다. 내가 원하는 일, 내가 좋아하는 일을 할 수 있는 전공은 의상학과나 디자인학과였다. 디자이너로서의 재능이 있는 것도 아니었고, 주변에 디자이너가 있어 영향을 받은 것도 아니었는데도 그림 그리기를 좋아했기에 디자이너가 되고 싶다는 생각을 막연하게나마 가졌던 것 같다. 그런데 담임선생님은 이화여대 과학교육학과를 추천했다. 내 성적이 이화여대 과학교육학과에 들어가기에 적당한 데다 교사가 되면 안정적으로 살 수 있다는 게 그 이유였다.

만약 지금이라면 나는 내 삶의 중요한 기로에 서 있었던 그때, 내가 하고 싶었던 것을 밀고 나갔을 것이다. 하지만 당시 나는 마음이 여린 데다 내 주장도 강하지 않았다. 그래서 진학하게 된 과학교육학과였으니 공부가 즐거웠을 리 없다. 전공 공부는 필요한 만큼만 하고 디자이너가 되고 싶은 마음에 편입을 생각하며 일본어와 영어회화 학원에서 어학 공부에 열중했다. 또 별을 보는 동아리에 가입해 친구들과 망원경만 들고 별을 보러 다니는 일을 즐겼다. 그러다 심각하게 아예 전공을 바꿀까 하는 고민도 했지만, 그러지는 않았다.

대학 졸업 후엔 고등학교에서 시간강사로 지구과학을 가르치다가 입시학원으로 자리를 옮기기도 했다. 당시엔 국가 교원시험에 지구과학 전공자는 서울 기준 0.5명이었고, 과학교육학과 전공자로 선택할 수 있는 선택지는 그리 많지 않았다. 그래서 선택한 게 입시학원이었는데, 처음엔 정규 교사로 채용된 것도 아니었다. 단 두 달만 계약 교사로 일하기로 하고 들어간 학원에선 지구과학 선생님이 여자인 건 처음이라는 소리까지 들었다.

그런데 학생들을 가르치는 데에 나도 몰랐던 재능이 있었던 것 같다. 학생들이 무엇을 잘하는지 무엇을 못하는지를 잘 이해했고, 그 이해를 바탕으로 학생들을 가르친 것이 꽤 좋은 평판을 얻어 결국 정식 교사로 임용되기까지 했다. 그러는 동안에도 일본어와 영어는 꾸준히 공부했다. 특히 일본어 공부에 많은 시간을 투자했다. 처음엔 취미로 시작했지만 꾸준히 하다 보니 어느 순간 일본어를 꽤 잘하는 사람이 되어 있었다.

우주과학자 박지선

기회와 위기가 가르쳐준 고통의 시간 건너는 법

✦

    입시학원에서 일한 지 10년 가까이 됐을 때의 일이다. 일본 문부성에서 장학생을 뽑는 시험이 있다는 것을 알게 되었고, 나는 운 좋게도 일본 문부성의 장학생으로 뽑혔다. 일본에 가서 공부하려면 대학 전공과 관련된 곳을 추천받아야 했기에 모교인 이화여대에 추천서를 받으러 존경하는 김규한 교수님을 찾아갔다. 학부 때 담당교수님이 안 계셨기 때문이다. 당시 나는 대학의 명성과 상관없이 일본의 수도인 도쿄에서 살고 싶다는 바람을 가지고 있었기 때문에 솔직하게 도쿄에 가고 싶다는 마음을 내비쳤고, 김규한 교수님은 도쿄대학교 교수 한 분을 소개해주었다. 이후로 나는 도쿄대학교 지구행성과학부에서 연구생, 석사, 박사과정을 연이어 밟았다.

    입시학원을 그만두고 일본의 도쿄로 간 이후 모든 게 다

만족스러웠던 것은 아니다. 일본에 간 것은 분명 내 선택이었다. 고등학교 시절 주도적으로 전공을 선택하지 못했던 것에 비한다면, 훨씬 발전적이면서도 만족스러운 선택이었다. 그리고 나는 내가 한 선택이 긍정적인 결과로 이어지기를 바랐다. 하지만 내 선택에도 아프락사스와 같은 양면성은 존재했다. 한국에서의 삶을 접고, 새로운 삶을 찾아 떠난 타지에서 모든 게 좋기만 할 수는 없었다. 도쿄대학에서 석사 공부를 시작하고 1년이 지날 즈음이었다. 몸과 마음에 위기가 찾아왔다.

일본 유학을 준비하는 과정에서 뜻하지 않은 사고를 당한 적이 있다. 그 일로 3개월 정도 누워 있는 바람에 유학 준비를 제대로 할 수 없었는데, 일본으로 온 후에도 사고 후유증 탓인지 몸이 아픈 날이 많았다. 공부든 일이든 뭔가를 하려 해도 몸이 아프면 의욕마저 사라져버린다. 의욕이 없으니 마음도 온전할 수 없었다. 그만 우울증까지 걸리고 만 것이다. 지치고 힘든 몸과 마음은 모든 것을 무의미하게 만들어버렸다.

심지어 내가 왜 일본까지 와서 공부하고 있는지조차 알 수 없는 지경이었다. 결국 담당 교수님께 학교를 그만두겠다는 말까지 해버렸다. 그러자 나가오 교수님께선 "학교에 나오지 않아도 괜찮으니 지금 그만두지 말고 있을 만큼 있어봐라"라며 만류했다. 나는 일단 그렇게 하기로 했다.

관대하고 친절했던 교수님의 충고대로 나는 하루하루를 그냥 지냈다. 아무 결정도 하지 않았고, 아무 일도 하지 않았다. 그저 시간만 보냈다. 그러다 보니 어느 순간, 점차 건강해지

우주과학자 박지선

는 나를 느낄 수 있었다.

이 비슷한 경험은 미국에서도 한 적이 있다. 미국 휴스턴의 NASA 존슨우주센터NASA Johnson Space Center에서 박사후연구과정을 끝내고, 앨라배마에 있는 NASA 마셜우주비행센터NASA Marshall Space Flight Center에서 일할 때였다. 1년이 지난 어느 날, 한 미국 여성 과학자로부터 "You are fired (너는 해고야)"라는 말을 들었다. 마셜우주비행센터를 선택하기 전, 프랑스의 연구실에서 오라고 하는 것도 뿌리쳤었다. 친구들의 축하를 받으며 앨라배마로 짐을 옮기고 아파트 계약까지 끝냈는데, 갑자기 "넌 해고야"라는 소리를 듣게 된 것이다. 그러곤 내게 그곳에서의 생활을 정리하도록 준 시간은 겨우 3개월이었다.

무슨 일을 어떻게 해야 할지 막막했다. 한국 아버지들이 직장에서 갑자기 잘렸을 때 이런 마음이겠구나, 하는 생각이 들었다. 마음을 추스르려 애를 썼지만 쉽지는 않았다. 그러던 중 휴스턴에 사는 친구를 만나러 갔다가 그곳에서 꽤 유명한 교회의 예배에 참여했다. 예배가 끝날 무렵, "기도가 필요한 사람들은 나오세요. 당신을 위해 기도해드리겠습니다"라는 목사님의 말을 듣고는 더 생각할 것도 없이 기도를 원하는 사람들 행렬에 섰다. 진흙탕 속에 빠져든 것 같은 기분이지만 기도를 통해 마음을 다잡을 수 있을 거라고 믿었다. 그리고 그 믿음은 확실히 내게 힘을 주었다.

집으로 돌아온 후에는 휴스턴 NASA의 선생님과 일본의 교수님께 상황 설명을 하고, 일자리를 찾는다는 내용의 이메일을 보냈다. 그러자 휴스턴 선생님께서 일단 휴스턴으로 오라는 답장을 주셨다. 휴스턴에 몇 달 정도 일할 수 있는 자리가 있다는 것이었다.

솔직히 이제껏 내가 일을 그만둔 적은 있어도 직장에서 잘린 적은 없었다. 그래서인지 NASA 마셜우주비행센터의 경험은 내게 너무 큰 시련처럼 느껴졌고, 그 시련은 내게 큰 좌절을 안겨주었다. 꽤 많은 시간이 흐르고 나서야 이러한 경험 또한 필요하다는 것을 알게 되었다. 시련은 항상 갑작스럽게 닥치며, 세상 모든 일이 좋을 수만은 없다. 문제는 시련이 닥쳤을 때 그것을 어떻게 극복하고, 지혜롭게 해결하느냐일 것이다.

나는 일본 유학 시절의 우울과 미국 NASA 마셜우주비행센터의 시련에서 돈으로는 살 수 없는 중요한 가르침을 받았다. 정말 힘들 때는 큰 결정을 하지 않기, 자책으로 에너지와 시간을 낭비하지 않기, 힘든 상황이 닥치면 꽁꽁 싸매고 있을 게 아니라 가까운 사람들에게 오픈하기, 힘든 시간이 자연스럽게 지나가기를 기다리기 등이다.

우주과학자 박지선

희열을 안겨주는 공부는 끝이 없고

✦

살다 보면 누구에게나 시련이 한 번쯤 찾아오기 마련이다. 비단 어른만의 일은 아니다. 아이들은 아이들 나름대로, 청소년은 청소년 나름대로 각자의 상황에 따라 부딪히게 되는 시련의 시간이 있을 것이다. 시련 자체는 특이한 일이 아니다. 나에게만 오는 것이 아니기 때문이다. 하지만 시련에 부딪히면 세상의 모든 시련이 내게만 향한 것 같은 착각이 든다. 또 결코 그 시간이 지나갈 것 같지도 않다. 그래서 시련의 무게보다 더 큰 절망에 빠져들기도 하는 것이다. 시련 그 자체는 절망이 아니다. 절망은 그저 햄버거 세트에 포함된 콜라 같은 것이다. 햄버거를 먹을 때 콜라를 마실지, 마시지 않을지를 결정할 수 있는 것처럼 절망도 할지 말지 선택할 수 있다. 그러니 혹시라도 자신이 지금 시련의 시간에 들어서 있다고 느끼는 학생이 있다면

"이 또한 자연스럽게 지나간다"는 것을 믿고, 부디 너무 힘들어하지 않기를 바란다.

'박사과정까지 끝내면 더는 공부를 하지 않아도 되겠지.'

도쿄대학교 대학원에서 석사과정을 밟는 동안에 이런 생각을 한 적이 있었다. 꽤 오랜 시간 일본어 공부를 했지만, 모국어는 아니었기에 나는 다른 학생들보다 더 많은 시간을 공부에 투자해야 했다. 게다가 대학 졸업 후, 입시학원에서 학생들을 가르치며 10년이란 세월을 보낸 탓에 어쩔 수 없이 생긴 간극도 있었다. 학교와 집을 오가며 거의 공부만 했다. 그러다 보니 자연스럽게 '공부가 끝날 날도 있겠지'란 생각을 안 할 수가 없었다.

재미있는 건, '언제 공부가 끝나나?'라는 생각을 하면서도 일본에서 박사과정이 끝나자 미국 NASA 박사후연구과정으로 또 공부에 발을 들인 것이다. 물론 이는 온전히 내 자발적인 선택이며 우주, 지구, 달, 태양, 화성 등을 연구하는 것은 굉장히 짜릿한 일이기에 앞으로도 계속 공부하는 과학자로 살게 될 것임을 안다.

그렇다고 우주과학이 내 인생의 전부라는 생각을 하는 것은 아니다. 다만 어느 순간부터 우주과학은 내게 가장 재미있는 일이 되었기에 기꺼이 많은 시간을 쓰고 있을 뿐이다. 확실히 우주나 지구, 달, 태양, 화성 등에 관한 연구는 그 무엇과도 견줄 수 없는 희열을 내게 안겨준다. 하지만 그래서 결혼하지 않았던 건 아니다. 결혼하고 싶은 상대를 만나지 못했을 뿐이

우주과학자 박지선

다. 가끔 '만약 내가 결혼했다면 지금처럼 우주과학 연구에 몰두할 수 있었을까?' 질문을 하곤 한다.

　석사나 박사과정을 밟는 동안엔 남녀차별을 받은 적은 없었다. 설혹 누군가 "넌 여자니까 과학을 잘 못할 거야"라고 말해도 내가 그렇게 생각하지 않으면 되는 것이다. 나에 대한 일을 다른 사람이 판단하거나 결정하도록 내버려두지 않으면 된다. 그리고 실제로 여성은 과학적 자질이 부족한 것도 아니다. 그런데도 과학계에 여성이 많지 않은 건 자질의 문제라기보다 아직도 가사 일을 여성의 일로만 생각하는 사회적 편견도 한몫했을 것이다.

　박사과정 때 함께 공부했던 여자 동료들 대부분이 결혼하면서 과학 연구를 그만두었다. 아직도 과학 연구에 몰두하고 있는 동료 여성 과학자들은 나처럼 싱글이거나 자녀가 없는 경우가 대부분이다. 사실 과학을 전공했다고 해서 모두가 계속 과학 연구를 할 필요는 없다. 다른 전공도 마찬가지일 것이다. 전공과 다른 길을 선택하는 사람들이 훨씬 많다. 하지만 개인의 선택이라고 생각한 일이 사실은 개인의 선택이 아니라면? 가사 노동, 육아 등 부부가 함께 해결해야 하는 문제를 여성에게 모두 짐 지우는 사회적 분위기가 여성에게 일보다 가정을 선택하도록 만드는 것이라면? 아직도 우리 사회는 여성에게 아내나 엄마로서의 가치를 더 많이 강요하고 있고, 이러한 강요는 많은 여성이 자신의 사회적 경력을 포기하도록 만들고 있다. 이를 무시하고 "과학을 포기한 건 개인의 선택이야"라고만 할 수 있을까?

　물론 오늘날은 예전과 달리 사회 전반적으로 성차별과 편견을 극복해 나가고자 노력하는 분위기다. 또 과학 분야에 진출해 성과를 내는 여성 과학자도 많아졌다. 하지만 결혼과 동시에 과학을 포기하는 여성들이 존재하는 것도 현실이다. 이러한 현실을 단지 남녀차별의 문제로 일반화할 수는 없지만, 적어도 이러한 문제가 발생하는 이유에 대해서는 우리 사회가 좀 더 성숙하게 생각해볼 필요가 있지는 않을까 싶다.

우주과학자 박지선

무한한 우주만큼이나 무한한 우주과학의 세계

✦

아주 오래전 본 영화 스탠리 큐브릭의 〈2001년, 스페이스 오디세이〉의 첫 장면은 상당히 인상 깊었다. 인류의 조상 격인 유인원은 동물의 뼈다귀를 하늘 높이 던져버렸는데, 그것이 우주 공간으로 날아가 우주선으로 변한다.

인간의 조상 격인 호모 사피엔스가 출현한 것은 약 15만 년 전이다. 호모 사피엔스는 다른 동물에 비해 신체적 능력이 뛰어나지는 않았지만, 다른 동물은 절대 가지지 못한 기술을 가지고 있었다. 동물의 뼈나 뿔로 도구를 만들 줄 알았고, 자연 동굴이나 바위틈에 나뭇가지나 짐승의 가죽을 깔아 안식처도 만들어냈다. 이러한 능력은 호모 사피엔스의 생존력과 전투력을 키워주었다. 이후로 이들은 현생 인류의 모습을 갖추기까지 진화에 진화를 거듭해왔고, 그 과정에서 기술문명을 발전시켜

왔다. 그러니까 유인원이 던진 동물의 뼈다귀가 우주선이 되는 그 장면 하나엔 적어도 15만 년 이상의 시간이 함축되어 있는 셈이다.

1969년 미국의 우주비행사 닐 암스트롱이 달에 처음 발을 딛기 전에도 우주를 탐구해왔다. 약 2,600년 전 그리스의 수학자 탈레스Thales는 보드를 읽었고, 이를 활용해 피라미드의 높이를 정확하게 재기도 했다. 100년 후에 피타고라스는 우주에 '코스모스'라는 이름을 짓기도 했다. 코스모스는 '아름다운 질서와 법칙이 있는 조화로운 천체'라는 뜻을 가진 말이다. 또 고구려 때엔 큰 돌에다 밤하늘의 별들을 체계적으로 보여주는 천상열차분열지도天象列次分野地圖를 새기기도 했다. 그리고 현대에 이르러 사람들은 그 옛날 꿈으로만 꾸었던 우주로 나가게 되었다. 그렇기에 우주과학엔 수많은 사람의 오래된 꿈과 시간, 기술이 응축되어 있다.

우주과학은 기초과학과 인공위성이나 우주선 등을 활용해 우주를 연구하는 학문으로 천문학의 한 분야다. 내가 관심을 가지고 연구하는 것은 우주 행성들의 연대학이다. 좀더 정확하게는 지구와 같은 행성이 어떻게 시작하여 형성되었는지, 태양과의 연관성이 어느 정도인지를 지구 밖 물질인 운석을 불활성기체 연구로 알아내는 것이다.

과학자들은 우주의 나이를 137억 살 정도로 본다. 지금으로부터 137억년 전에 있었던 우주 대폭발로 우주가 생성되었다고 보기 때문이다. 이를 빅뱅이론이라고 한다. 지구는 이보

우주과학자 박지선

다 훨씬 후에 생성되어 46억 살이다. 그렇다면 화성이나 금성의 나이는 어떻게 될까? 또 태양은 언제 생겨났을까?

지구상에 존재하는 암석들의 연대는 모두 46억년보다 적다. 이는 곧 46억년 이전의 암석들은 이미 지구상에 존재하지 않는다는 것을 의미한다. 하지만 지구 밖 물질(우주에서 온 운석)들의 연대는 46억년이다. 이 운석들은 우주의 진공 상태에서 잘 보존되어 있다가 중력에 의해 지구로 끌려왔다. 미국 NASA 존슨우주센터와 뉴저지주립대학교Rutgers University에서 내가 연구한 물질은 아르곤 40Ar-39Ar이다. 40Ar-39Ar는 행성이나 운석의 나이를 측정하는 불활성기체 가운데 하나다.

우주에는 자연적으로 붕괴해 원소가 변하는 방사성 동위원소라는 것이 존재한다. 이 붕괴 속도가 일정하기에 원래의 양과 붕괴해 생성된 양을 측정하면 어느 정도의 시간이 걸려 붕괴했는지 알 수 있다. 예를 들면 칼륨K 가운데 방사성 동위원소인 40K는 12억5천만년마다 원래의 양이 반씩 변하는데(반감기), 처음 100%인 K가 12억5천만년에는 50%가 되고, 25억년 뒤에는 그것의 반인 25%만 남게 되어 40Ar이 75%가 된다. 그러므로 만약에 암석 속에 있던 40K가 25%이고, 40Ar이 75%이라면 그 암석은 두 번의 반감기를 겪었단 것이므로 그 암석의 측정 당시 나이가 25억년이라는 사실을 알 수 있다. 지구상의 원소에는 동위원소라는 것이 존재한다. 칼륨의 경우에는 39K, 40K, 41K가 각각 일정 비율로 존재하는데, 이 중에서 40K만이 붕괴하며 다른 칼륨은 그대로 있다. 내가 연구하는 Ar-Ar 연대 측정은 Ar의 동위원소인 36Ar, 37Ar, 38Ar, 39Ar, 40Ar를 측정해서 (40K로부터 자연적으로 생성된) 40Ar 양과 (일부로 방사성 물질을 쐬어 인위적으로 만든 39K로부터 만든) 39Ar의 양을 비교·계산하여 암석의 나이를 측정하는 방식이다.

불활성기체는 안전한 형태로서 화학반응을 일으키지 않기에 그 상태가 잘 보존되어 있다. 이는 곧 불활성기체에서 과거 지구의 모습을 찾아낼 수 있다는 것을 의미하기도 한다. 한 예로, 다이오게나이트Diogenite를 들 수 있다. 이전까지 다이오게나이트는 화성과 목성 사이의 유성벨트asteroid belt에서 온 운석 중 하나로 알려졌다. 하지만 NASA 연구실에서 불활성기체의 연구를 통해 이 운석이 화성에서 왔음을 증명해낸 적이 있다.

그런데 과학자들은 어째서 다른 행성들을 연구하는 것일까? 우리가 사는 지구는 46억 년 전 우주에 있는 많은 별 중 하나인 태양이 형성되면서 부산물로 생긴 물질이었다. 그런데 우리는 여기서 한 가지 의문을 가질 수밖에 없다. 태양이나 지구가 영원히 존재할 수 있을까? 바로 이에 대한 답을 구하고자 지구와 같은 형태를 가진 행성들을 연구하는 것이다. 또 드넓은 우주에서 지구와 비슷한 행성은 없는지 우주에서 날아든 운석을 통해 찾고자 하는 것이다. 지구와 비슷한 거리에 태양이 있으면서 대기가 있는 행성이라면 생명체가 살 수 있는 조건이 어느 정도는 충족되었다고 볼 수 있다.

이러한 조건을 가진 행성 중에 적색왜성(빨간색으로 빛나고, 태양 질량의 8~40% 정도로 작은 별)을 공전하고 있는 글리제

우주과학자 박지선

Gliese581c 행성이 있다. 하지만 이 행성은 지구로부터 20광년이나 떨어져 있다. 1광년은 빛의 속도로 1년 동안 이동한 거리를 뜻한다. 만약 인간이 빛의 속도$^{300,000km/sec}$로 이동할 수 있는 우주선을 만들었다고 가정해도, 이동 시간만 족히 20년은 걸린다고 볼 수 있다. 현재 개발된 우주선의 속도는 28,000km/sec로 글리제581c까지 가는 데 80만년 정도 걸린다. 과학은 계속해서 발전하고 있지만, 글리제581c까지 가는 시간을 얼마만큼 줄일 수 있을지는 미지수다. 어쩌면 우리가 살아 있는 동안엔 지구와 가장 가까운 조건을 가진 글리제581c엔 갈 수 없을 수도 있다. 하지만 먼 미래의 어느 날엔가 글리제581c에 도달할지도 모른다.

최첨단 과학인 동시에 아주 낭만적인 학문

✦

    우주과학은 다방면의 첨단기술 및 과학 등을 필요로 하는 학문이다. 그 때문에 우주과학은 그 어떤 학문보다 첨단을 달리는 것처럼 보이지만, 한편으론 아주 큰 꿈을 꾸고 있는 낭만적인 학문이기도 하다. 인간이 만든 많은 것들은 꿈에서 비롯되었다. 편리한 생활을 꿈꾸었기에 생활에 편리한 기기들을 만들었고, 우주를 꿈꾸었기에 우주 탐사선을 만들었다. 무언가를 만드는 건 꿈을 꾸는 것에서부터 시작된다. 그렇기에 나는 계속 꿈을 꿀 생각이다. 꿈을 꾸는 동안엔 아무리 멀리 있는 별이나 행성이라도 바로 내 앞에 성큼 다가선 것 같은 느낌이 들기에.

    137억년 전에는 우주라는 공간이 없었다. 작은 점 하나 크기의 무언가singularity가 있었을 뿐이다. 그곳엔 상상할 수 없

우주과학자 박지선

을 정도로 높은 밀도의 물질들, 에너지가 응축되어 있었을 뿐이다. 그런데 어느 날, 뻥하고 터지는 대폭발이 일어났다. 바로 그 유명한 빅뱅이론이다. 그 후 10억 년의 세월이 지났고, 폭발 당시 터져 나온 파편들은 하나둘 덩어리로 뭉치기 시작했다. 이 덩어리들은 다른 지역보다 밀도가 약간 높은 편이라 주변의 저밀도 물질을 중력으로 끌어당겨 무리를 형성한다. 이 무리가 은하다.

우주엔 은하가 1천억 개 이상 존재한다. 더 놀라운 건 각 은하 안에 있는 별만도 1천억 개라는 사실이다. 별은 스스로 빛을 내는데, 우리가 유일하게 알고 있는 별이 태양이다. 지구, 달, 화성, 목성, 금성 등도 다 별 주변을 도는 행성이다.

하지만 사람들은 밤하늘에 반짝이는 모든 것을 별이라 생각한다. 별은 신비로우면서도 아름답고, 뭔가 알 수 없는 이야기를 품고 있는 것 같다. 그래서 사람들은 과학 발전 이전엔 별을 주제로 이야기를 만들기도 했다. "달엔 토끼가 방아를 찧을 것이고, 은하는 직녀와 견우를 가로막으며, 북두칠성은 효성스러운 일곱 아들이 죽어 하늘에 올라가 된 것이다." 이런 이야기 속엔 우리가 알지 못하는 미지의 것에 대한 경외심이 담겨 있기도 하다. 물론 과학적인 접근도 있었다. 고대 고인돌에 그려진 '천문도'가 그 예다. 또 조선 태조 이성계는 고구려 벽화에 그려진 천문도를 바탕으로 '천상열차분야지도'를 돌에 새겨두었다. 이 지도는 오늘날 우리가 쓰는 만원권 지폐 뒷면에 그려져 있다.

내게 우주는 늘 관심의 대상이었다. 어렸을 땐 밤하늘에 반짝거리는 행성들을 보며 상상의 나래를 펼쳤고, 과학을 전공하게 된 후로는 우주, 은하, 별, 행성 등에 대한 호기심이 더 강해졌다. 도쿄대학교의 '지각화학연구실'에서 외계 물질(주로 운석)의 노블 가스(불활성기체, 헬륨, 네온, 아르곤, 크립톤, 제논)를 연구한 것도 우주에 대한 호기심을 조금이나마 채우려는 노력의 하나였다.

도쿄대학에서 박사과정 2년차가 되었을 무렵의 일이다. NASA에서 박사후연구과정으로 공부가 가능한 미국 장학 프로그램인 ORAU가 있다는 것을 알아냈다. 혹시나 하는 마음에 신청했는데, 놀랍게도 합격 통보를 받았다. 곧바로 NASA가 있는 휴스턴으로 향했다. 'NASA라니. 내가 NASA에 출근하다니.'

출근 첫날, 나는 흥분을 감출 수 없었다. NASA는 우주와 태양계를 다루는 가장 유명한 기관이다. 특히 NASA의 박사후연구 과정은 일반에 노출되어 있지 않고, 포지션position도 많지 않았기에 웬만해선 들어갈 수 있는 곳이 아니었다. 그러니 당시엔 그저 기적처럼 느껴졌었고, 그 짜릿함은 아직도 잊히지 않을 정도다.

그리고 NASA에서 일하는 동안 많은 박사님을 만난 것도 내겐 정말 좋은 경험이었다. 내 보스였던 보가드 박사님과 나이퀴스트 박사님은 두 분 다 NASA의 아폴로 달 탐사 시절에 최고의 과학자로 초청받아 온 분들로 달 암석들을 오랜 시간 연구한 이들이다. 언젠가 NASA의 한 박사님이 "우주 미션에 과학이 포함되어 있지 않다면, 그냥 우주 관광에 불과하다"라고 말한 적이 있었는데, 정말 맞는 말이다.

아마도 어떤 이들은 "NASA의 과학자들은 일반인보다 우주에 대해 더 많은 것을 알고 있으니 대체로 무신론자가 아닐까"라고 생각할지도 모르겠다. 그런데 의외로 NASA의 과학자 중엔 종교를 가진 이들이 많다. 내 보스들도 기독교인이었다. 그분들의 겸허하고 성실한 삶의 모습에 영향을 받아서인지 모르겠지만, 나는 텍사스 휴스턴에 있는 한인교회에서 세례를 받기도 했다.

NASA에서 공부하고 일했던 시간들은 대부분 즐거웠고 신기했는데, 그중에서도 가장 신기하다고 할 만한 일이 있었다. 전혀 뜻밖의 인연과 만나게 된 일이다. 1997년인가, 뉴질랜드에서 1년간 언어센터를 다니던 때였다. NASA의 맥케이 박사님이 쓴 논문《화성의 생명체를 발견》을 읽고 그에 대해 리포트를 써 언어센터 과제로 제출한 적이 있다. 그런데 수년이 지난 후, NASA의 박사후과정에서 맥케이 박사님을 만나게 되었다. 논문으로 접했을 때만 해도 내가 박사님을 만나게 되리라곤 상상조차 하지 못했다. 그런데 논문의 주인공과 일상적으로 대화를 나누는 사이가 되었다. 게다가 나 또한 화성 연구를 하고 있었기에 그에 관한 토론도 곧잘 하곤 했다. 그 시절 NASA에는 두 분의 맥케이 박사님이 있었는데, 형제가 나란히 NASA 과학자가 됐던 것이다.

뒤돌아보면, 내 삶은 전혀 뜻밖의 방향으로 흘러가곤 했다. 과학을 전공하면서도 디자이너가 되고 싶어서 편입을 생각해 공부한 것이 일본어와 영어인데, 결국은 일본어 덕분에 일본에 가서 과학 박사가 되고, 영어 덕분에 미국의 NASA에서도 일할 수 있게 되었다. 그리고 지금도 우주과학자로 살고 있다. 과거의 나와 지금의 나를 비교하면, 인생이라는 게 참 재미있다는 생각도 든다. 다람쥐 쳇바퀴 돌듯 매일매일 똑같다면 편하기는 하겠지만 무슨 재미가 있을까. 삶이란 한 치 앞도 알 수 없기에 재미있는 것이 아닐까?

우주과학자 박지선

천억 개의 은하와 천억 개의 별들, 그리고 지구

✦

내가 하는 연구는 연대학이다. 도쿄대학의 석·박사과정에서부터 주로 화성에 관한 연구를 많이 했으며, 화성 운석의 불활성기체 분석을 통해 달 암석이나 달 운석 등의 여러 운석을 연구하기도 했다. 우주를 연구하는 이유는 우주의 시작이나 우주의 신비를 알고 싶어서이기도 하지만, 좀더 본질적으론 지구에 사는 인간으로서 지구에 대해 좀더 잘 이해하기 위해서다. 지구를 이해하려면 지구와 같은 행성들, 지구 주변을 공전하는 달, 태양에 대해 알아야 한다. 만약 우리가 더는 지구에 살 수 없게 되는 날이 온다면, 우리는 지구와 비슷한 환경의 행성으로 이주할 수밖에 없다. 그에 대비해 지금부터라도 이러한 행성을 찾아야 한다.

지구의 나이는 46억 살이다. 태양도 같은 나이다. 그런데 사실은 태양이 우주 성운 같은 구름 (H, He)에서 생성될 때 그 안에 있던 부스러기 조각들(O, Si, Al, Fe 등등)의 부산물로서 만들어진 것이 행성이다. 수성, 금성, 지구와 화성은 암석으로 되었고, 목성, 토성, 천왕성과 해왕성은 주로 수소와 헬륨 가스로 된 행성이다. 지구라는 행성은 운이 좋게도 마침 태양이 적당한 거리에 있는 데다 물과 공기까지 있어 생명체가 살 수 있게 되었다. 우주에는 셀 수 없이 많은 별들이 있고, 그 별들 주변에는 그보다 더 많은 행성들이 있다. 그런데 지구와 같은 조건을 갖춘 행성이 없다고 말할 수 있을까? 어쩌면 우리가 알지 못하는 어느 행성에선 외계 생물도 존재할 수 있다.

태양계에서 지구와 비슷한 조건을 갖춘 행성이 있다면 화성일 것이다. 미국 NASA와 러시아의 우주연구소에서 달 탐사를 통해 달 암석을 지구로 가져왔기에 지구와 달 운석의 비교 연구가 가능해졌다. 하지만 화성에서는 아직 표본을 가져온 적이 없어 화성에서 왔다고 믿어지는 화성 운석으로 연구를 진행하고 있다.

1996년 NASA의 연구원인 맥케이 박사님이 발표한 화성 운석 ALHA84001에서 발견된 화성의 생명체는 전 세계의 관심을 끌었다. 과거 화성에서 생명체가 살았던 흔적이 있었다는 것은 화성이 원래는 살 만한 곳이었다는 것을 뜻하는 것이기도 하다. 화성 운석의 연대측정 연구 등을 보면 화성에서의 마그마 활동이 약 2억년 전까지 있었다는 것을 알려준다.

지금도 여러 나라의 과학자들은 지구와 닮은 행성을 찾고자 연구 중이다. 1969년의 NASA의 아폴로11의 닐 암스트롱을 시작으로 된 달 탐사에 이어, 최근에는 비욘드 문Beyond Moon으로 소행성 탐사를 하고 있다. 미국에서는 OSIRIS-REx 미션으로 소행성 베누Bennu 탐사를 하고 있고, 일본에서는 하야부사2HAYABUSA2 미션으로 소행성 류구Ryugu 탐사를 한다. 일본의 하야부사2 미션은 작년 겨울에 성공해 지구로 소행성 류구의 암석 샘플을 가지고 와서 현재 연구 중이다.

추가로 얘기하자면, 2010년에 하야부사 미션의 성공에 이어 2020년에 하야부사2 미션에 성공한 것이다. 도쿄대학을 다니던 시절에 교수님이던 나가오 선생님이 하야부사 미션의 주축이었다. 그리고 그의 제자가 하야부사2에서 주축이 되어 미션을 성공적으로 이끌어냈다. 내가 일본에 있을 때 이분들과 같이 연구를 했다는 것이 자랑스럽다. 나는 현재 하야부사2 미션의 팀 멤버로서 함께 연구하고 있다.

길고 험한 과학자의 길을 갈 수 있는 에너지

✦

"과학자가 되려면 어떻게 해야 하죠? 머리가 좋아야 하나요? 과학자 중엔 영재나 천재가 많던데."

과학자를 꿈꾸는 학생들이 가끔 이런 질문을 던질 때가 있다. 사실 나도 어렸을 때 종종 이 비슷한 생각을 했었다. 그도 그럴 것이 어린이용 과학책에서 접했던 과학자 대부분이 천재였기 때문이다. 뉴턴이나 아인슈타인 같은 인물들의 전기를 읽다 보면, '과학자라는 존재는 평범한 사람과는 완벽히 다른 사람'이라는 생각이 절로 들 수밖에 없다. 뉴턴은 1660년대 중반에 이미 미적분을 발명했고 만유인력을 알아냈다. 아인슈타인은 상대성 이론을 발견하고 광전효과로 노벨 물리학상을 받기까지 했다. 평범한 머리로는 결코 과학자가 될 수 없을 것 같았다.

우주과학자 박지선

이는 단지 과학 분야에만 해당하진 않을 것이다. 어떤 분야든 그 분야에선 특출한 몇몇이 두각을 드러내거나 뛰어난 성과를 내기 마련이다. 그런데 위대한 업적이나 성과를 이루었다 하더라도 그의 인성이 나쁘거나 다른 사람을 착취한 사람이라면, 사람들의 존경을 오랫동안 받지는 못할 것이다. 과학자가 됐든 다른 무엇이 됐든 가장 중요한 자질은 인성이라는 게 내 생각이다.

그렇기에 나는 가끔 수업 중에 학생들에게 영화를 예로 들 때가 있다. 영화에서 주인공과 대척점에 있는 악인들도 대체로 주인공만큼이나 똑똑하고 영리한 인물들인 경우가 많다. 이들은 무지해서가 아니라 악한 심성 때문에 악인이 되는 것이다. 이를 예로 드는 이유는 genius천재적인, clever똑똑한 만으로는 과학을 공부하는 조건이 될 수 없다는 것을 가르치기 위해서다. 진정한 과학자에게 필요한 요소는 이런 진실성Integrity, 좋은 인성good personality임을 내 학생들이 알기를 바란다.

한편, 세상엔 이름이 알려지지 않은 과학자들이 더 많다. 천재로 이름나지 않았어도 많은 과학자가 자기 자리에서 과학 발전에 힘을 보태고 있다. 과학자뿐 아니라 무언가가 되고 싶다면 그 일을 내가 얼마나 좋아하는지부터 살펴보라. 만약 정말 과학을 좋아하고 과학에 흥미를 느낀다면 그게 곧 과학자의 자질이 되는 것이다.

하지만 생각보다 많은 사람이 자신이 뭘 좋아하는지, 뭘 원하는지 잘 알지 못하고 산다. 그 때문에 다른 사람의 말에 쉽게 휘둘리기도 하고, 다른 사람의 의견에 따라 자신의 진로를 결정하기도 한다. 특히 청소년의 경우엔 부모님이나 선생님의 의견에 더 따르기 마련인데, 그러다 보니 자신이 진짜 좋아하는 것이 무엇인지 놓치는 경우가 많다.

인지심리학에선 '라이크like'와 '원트want'를 구분한다. 라이크는 내가 좋아하는 것이고, 원트는 내가 원하는 것이다. 사람들은 흔히 내가 좋아하기 때문에 원한다고 착각하기도 하는데, 내가 원하는 것이 정말 내가 좋아하는 것이 아닐 수도 있다. 어릴 때부터 "넌 나중에 커서 과학자가 되는 게 좋겠다"는 말을 부모님에게 들으며 자란 아이가 있다고 가정해보자. 이 아이는 자연스럽게 과학자를 꿈꾸게 될 것이고, 대학도 과학 관련 학과를 선택할 것이다. 그런데 막상 대학 공부가 시작된 후에 과학자가 되길 원했지만, 사실 과학을 좋아한 적이 없다는 것을 깨닫게 될 것이다. 라이크와 원트를 구분하지 못해 일어난 일이다.

과학자가 되고 싶다면 진정으로 과학을 좋아해야 한다. 다른 사람의 기대나 꿈, 혹은 과학자가 됨으로써 얻을 수 있다고 생각하는 돈이나 명예 등은 과학자가 가야 하는 길고 험한 길에서 그 어떤 에너지도 주지 못한다. 때문에 과학자가 되고 싶다면 '내가 영재인가?'를 고민하기보다 '내가 과학을 정말 좋아하는가?'부터 생각해보는 것이 좋을 것이다.

사실 생각해보면, 사람들은 전부 이 지구에서 함께 삶을 누리고 있는 공동체다. 만약 지구에 문제가 생긴다면 모든 이가 같은 운명에 처하게 될 것이다. 서로 조금 다르다고 해서 차별하거나 서로에게 폭력을 행사하는 일은 우주의 관점에서 보면 가소로울 수도 있다. 하지만 현실에선 서로에 대한 폭력이 빈번하게 이루어지며, 운명 공동체로서의 정체성을 가지고 있지 않다. 심지어 많은 사회적 약자들은 비빌 언덕 하나 없이 절망적인 상황에 놓이곤 한다. 그리고 이러한 일들은 학교에서도 '학교폭력'의 형태로 벌어지고 있을 것이다. 학교폭력에 노출된 학생들의 이야기를 뉴스를 통해 듣다 보면 《데미안》의 싱클레어가 떠오른다.

싱클레어는 못된 아이에게 돈을 빼앗기고 핍박당하면서도 자신의 힘으로는 그로부터 벗어나지 못했다. 그런 때 전학 온 데미안이 이를 쉽게 해결해주었다. 이 내용은 이문열의 소설 《우리들의 일그러진 영웅》에서 주인공 아이가 전학을 간 학교에서 같은 반의 힘센 아이인 엄석대에게서 협박당하고 조종당하다 결국에는 새로 오신 젊은 선생님에 의해 벗어나는 것과도 비슷하다.

이 두 소설의 주인공들은 결코 자신들의 잘못으로 시련을 겪는 것이 아니다. 자기 힘으론 절대 벗어날 수 없는 굴레와 같은 상황에 놓여 있었을 뿐이다. 만약 내가 학교폭력의 피해자라면 나 또한 혼자 힘으로 벗어날 수 없었을 것이다. 그래서 데미안이나 젊은 선생님 같은 존재가 필요하다.

만약 학교폭력에 노출된 학생이 있다면 혼자 힘들어하지 말고 다른 사람들에게 도움을 청해야 한다. 누가 나의 데미안이 될지 알 수 없으니 가능하면 많은 사람에게 도움을 청하도록 하자. 그럼 그들 중 한 명은 데미안 같은 존재로 내가 힘겹게 내민 손을 잡아줄 수 있을 것이다.

우주과학자 박지선

주도적으로 생각하고 결정해야 후회가 없어요

일본이나 미국에서 공부하면서 여자라서 그렇다는 식의 말을 들어본 적이 없습니다. 설혹 그런 말을 들었다 하더라도 내가 그렇게 생각하지 않으면 그렇지 않은 겁니다. 다른 사람들이 내가 하는 일을 결정하도록 하지 말아야 합니다.

미국에서 박사후과정을 밟은 후, 나도 강의를 하고 싶다는 생각에 교수님께 부탁해 하나 받은 적이 있습니다. 그런데 "네가 받은 강의는 정식 강의도 아니고, 힘들기만 할 것이다"라는 친구의 말을 듣고는 그 수업을 하지 않기로 해버렸죠. 며칠이 지나지 않아 후회했습니다. 누가 무슨 말을 하든 결정을 내리는 건 나 자신이며, 그에 따른 결과 또한 온전히 내가 짊어지는 것입니다. 좋은 결과든 나쁜 결과든 내가 주도적으로 생각하고 결정을 내린 것이라면, 적어도 최선을 다하지 못했다는 후회는 없었을 겁니다.

얼마 후 킹스버러우에서 강의 요청이 들어왔을 땐 다른 사람의 말을 듣기보다 나 자신에게 먼저 '내가 이 강의를 하고 싶은가?'라는 질문을 던졌습니다. 이 강의 또한 정식 강의는 아니었지만 '후회하게 되더라도 일단 해보자'는 마음으로 수락했습니다. 그리고 현재 킹스버러우 커뮤니티 컬리지의 조교수가 되었습니다.

다른 이들이 뭐라 하건 스스로 무언가를 결정하려면 지식과 판단력 같은 힘이 있어야 합니다. 그런데 이러한 힘은 절로 생기지 않습니다. 힘을 키우기 위해선 독서나 공부가 필요합니다. 독서와 공부에 관심이 없다면 자신이 좋아하는 것을 찾는 것도 한 방법일 겁니다.

우주과학자 박지선

호모사이언스
과학 하는 여자들 2

1판 1쇄 펴냄 2022년 1월 17일
1판 2쇄 펴냄 2022년 10월 25일

지은이 문성실 서은숙 김희용 나명희 박지선
펴낸이 안지미
기　획 한국여성과학기술단체총연합회
제작처 공간

펴낸곳 (주)알마
출판등록 2006년 6월 22일 제2013-000266호
주소 04056 서울시 마포구 신촌로4길 5−13, 3층
전화 02.324.3800 판매 02.324.7863 편집
전송 02.324.1144

전자우편 alma@almabook.com / alma@almabook.by-works.com
페이스북 /almabooks
트위터 @alma_books
인스타그램 @alma_books

ISBN 979-11-5992-353-1 43400

이 책은 (사)한국여성과학기술단체총연합회 출판위원회에서 기획하고, 과학기술진흥기금 및 복권기금의 지원을 받아 제작되었습니다. 이 책의 내용을 이용하려면 반드시 저작권자와 알마 출판사의 동의를 받아야 합니다.

알마는 아이쿱생협과 더불어 협동조합의 가치를 실천하는 출판사입니다.

이 책은 아리따 글꼴을 사용하여 디자인하였습니다.